XUE KE XUE MEI LI DA TAN SU

学科学魅力大探

U0591123

地理发现之旅

谢登华 编著　丛书主编 周丽霞

沙漠：漫漫的苍茫大地

汕头大学出版社

图书在版编目（CIP）数据

沙漠：漫漫的苍茫大地 / 谢登华编著. -- 汕头：
汕头大学出版社，2015.3（2020.1重印）
（学科学魅力大探索 / 周丽霞主编）
ISBN 978-7-5658-1730-4

Ⅰ. ①沙… Ⅱ. ①谢… Ⅲ. ①沙漠－世界－青少年读
物 Ⅳ. ①P941.73-49

中国版本图书馆CIP数据核字(2015)第028218号

沙漠：漫漫的苍茫大地　　　　SHAMO：MANMAN DE CANGMANG DADI

编　　著：谢登华
丛书主编：周丽霞
责任编辑：宋倩倩
封面设计：大华文苑
责任技编：黄东生
出版发行：汕头大学出版社
　　　　　广东省汕头市大学路243号汕头大学校园内　邮政编码：515063
电　　话：0754-82904613
印　　刷：三河市燕春印务有限公司
开　　本：700mm×1000mm 1/16
印　　张：7
字　　数：50千字
版　　次：2015年3月第1版
印　　次：2020年1月第2次印刷
定　　价：29.80元
ISBN 978-7-5658-1730-4

前　言

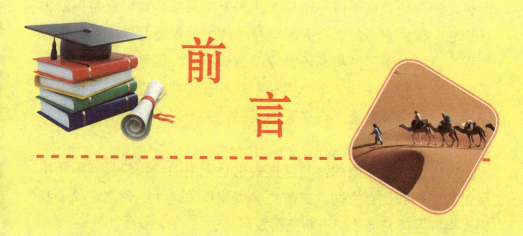

　　科学是人类进步的第一推动力，而科学知识的学习则是实现这一推动的必由之路。在新的时代，社会的进步、科技的发展、人们生活水平的不断提高，为我们青少年的科学素质培养提供了新的契机。抓住这个契机，大力推广科学知识，传播科学精神，提高青少年的科学水平，是我们全社会的重要课题。

　　科学教育与学习，能够让广大青少年树立这样一个牢固的信念：科学总是在寻求、发现和了解世界的新现象，研究和掌握新规律，它是创造性的，它又是在不懈地追求真理，需要我们不断地努力探索。在未知的及已知的领域重新发现，才能创造崭新的天地，才能不断推进人类文明向前发展，才能从必然王国走向自由王国。

　　但是，我们生存世界的奥秘，几乎是无穷无尽，从太空到地球，从宇宙到海洋，真是无奇不有，怪事迭起，奥妙无穷，神秘莫测，许许多多的难解之谜简直不可思议，使我们对自己的生命现象和生存环境捉摸不透。破解这些谜团，有助于我们人类社会向更高层次不断迈进。

其实，宇宙世界的丰富多彩与无限魅力就在于那许许多多的难解之谜，使我们不得不密切关注和发出疑问。我们总是不断去认识它、探索它。虽然今天科学技术的发展日新月异，达到了很高程度，但对于那些奥秘还是难以圆满解答。尽管经过许许多多科学先驱不断奋斗，一个个奥秘不断解开，并推进了科学技术大发展，但随之又发现了许多新的奥秘，又不得不向新的问题发起挑战。

宇宙世界是无限的，科学探索也是无限的，我们只有不断拓展更加广阔的生存空间，破解更多奥秘现象，才能使之造福于我们人类，人类社会才能不断获得发展。

为了普及科学知识，激励广大青少年认识和探索宇宙世界的无穷奥妙，根据最新研究成果，特别编辑了这套《学科学魅力大探索》，主要包括真相研究、破译密码、科学成果、科技历史、地理发现等内容，具有很强系统性、科学性、可读性和新奇性。

本套作品知识全面、内容精炼、图文并茂，形象生动，能够培养我们的科学兴趣和爱好，达到普及科学知识的目的，具有很强的可读性、启发性和知识性，是我们广大青少年读者了解科技、增长知识、开阔视野、提高素质、激发探索和启迪智慧的良好科普读物。

目 录

1

卡拉库姆大沙漠

卡拉库姆沙漠小档案

地理位置：里海东岸的土库曼斯坦境内

面积：35万平方千米

气候：温带大陆性干旱气候

卡拉库姆沙漠是中亚地区的大沙漠，面积35万平方千米，年降水量不足200毫米，可能蒸发量为降水量的3~6倍。

面积最大的卡拉库姆沙漠

卡拉库姆沙漠位于土库曼斯坦首都境内，其大部分为固定垄岗沙地，沙垄高度3米~60米，很少一部分为丘状沙地。土库曼斯坦自然环境严峻，80%的土地被沙漠占据。卡拉库姆大沙漠在这个国家的中部并一直延伸到哈萨克斯坦境内，发源于阿富汗高山的阿姆达里亚河流经土库曼斯坦东部，由于干旱缺水，1954年开始动工兴建的卡拉库姆大运河，把阿姆达里亚河水沿着卡拉库姆沙漠边缘地带引向首都阿什哈巴德和里海岸边，这条大运河对土库曼斯坦农业和畜牧业的发展、石油和天然气的开采以及改善居民生活用水都具有重大作用。

卡拉库姆的突厥语意为"黑沙漠"，年降水量不足200毫米。

河流、湖泊稀少。沿阿姆河、捷詹河、穆尔加布河等有绿洲，大部分地区可供放牧。南部建有卡拉库姆运河，北同萨雷卡梅什盆地接壤，东北部和东部以阿姆河（奥克苏斯河）河谷为界，东南与卡拉比尔高地及巴德希兹干旱草原地区相连。在南部和西南部，沙漠沿科佩特山麓绵延，而在西部与西北部则以乌兹博伊河古河谷水道为界。沙漠被分为三个部分：北部隆起的外温古兹卡拉库姆；低洼的中卡拉库姆，以及东南卡拉库姆。在外温古兹卡拉库姆和中卡拉库姆交界之处，有一系列含盐的、孤立的、由风形成的温古兹凹地。

卡拉库姆沙漠的地形较为鲜明，反映了其起源和地质发展。外温古兹卡拉库姆的表面受到暴风侵蚀，中卡拉库姆平原从阿姆河延伸到里海，呈与河流走向同一的斜面。由风聚集起来的有些过高的沙垄的高度在75米~90米之间，依年龄和风速而异。略少于10%的地区由新月形沙丘组成，其中一些高9米或更高。沙丘间有许多凹地，为厚达9米的沉积黏土层所覆盖，在降水时可以当作汇水的盆地。如果在这些汇满水的盆地中种植甜瓜和葡萄一类的水果，才可能有一定的收获。

丰富的资源

卡拉库姆沙漠地区植被十分多样，主要由草、小灌木、灌木和树木组成。这里的植被在冬季可用作骆驼、绵羊和山羊的饲草。动物为数不多，但其种类众多。昆虫有蚁、白蚁、蝉、甲虫、拟步甲、蜣螂和蜘蛛，两栖爬行类有各种蜥蜴、蛇和龟。啮齿类有囊鼠和跳鼠。沙漠有硫黄、石油、天然气等矿藏。据挪威杂志报道，土库曼斯坦在卡拉库姆沙漠发现了一个新的巨型凝析气田。

卡拉库姆沙漠人口稀少，平均每6.5平方千米1人，并且主要由土库曼人组成，其中一些部落的特征被保留下来。卡拉库姆沙漠的居民自古从事游牧，并在里海沿岸及阿姆河捕鱼；但在现代，几乎所有的人都在集体和国有农场定居，并发展了拥有瓦斯和电的永久城镇。石油、瓦斯和其他工业的发展，导致多种民族聚居的新住宅区的出现。

现代灌溉使得沙漠适于大规模畜牧，特别是卡拉库尔羊的畜牧。卡拉库姆运河从阿姆河流往里海低地，将水引到卡拉库姆沙漠东南部、中卡拉库姆沙漠南界及科佩特山麓地带。绿洲地区种植细纤维棉花、饲料作物和各种蔬菜水果，一大片牧区有了饮水点。第二次世界大战后的经济集中发展给卡拉库姆沙漠带来一场工业革命，工厂、石油和煤气管线、铁路、公路以及火力发电站和水力发电站，已经改变了这一地区的面貌。一些自然资源也已

得到开发，其中包括硫、矿盐和建材。

　　据土库曼斯坦铁道部消息，长达540千米的阿什哈巴德-达绍古兹铁路（跨卡拉库姆沙漠铁路）已经建成，这使首都阿什哈巴德市至北部重镇塔沙乌兹市的路途缩短了700千米。这条铁路于2006年2月8日在440千米处实现了南北对接，正式开通仪式于2006年3月举行。在这条铁路上建成了3座桥梁、8个火车站、9个会让站和几十座工程设施。土库曼斯坦总统尼亚佐夫在致建设者的信中指出，新建成的阿什哈巴德—卡拉库姆—达绍古兹铁路具有国际意义，将成为外高加索、亚洲及远东国家向波斯湾沿岸国家运输货物的过境运输走廊；国家对铁路建设的投资很大，购买了新的内燃机车和车厢，用现代高新技术设备替代了老化设备；近期内国家还将依靠自

己的力量建设新的铁路线。阿什哈巴德—达绍古兹铁路将成为从欧洲经俄罗斯、阿塞拜疆及伊朗至印度和东南亚国家的铁路大通道的重要环节，成为名副其实的"南北运输走廊"

延 伸 阅 读

卡拉库姆沙漠昼夜温差可达50℃以上，从零下20℃上升到零上36℃，年降雨量不到150毫米，即使下雨也是干打雷不落雨滴，被沙暴吸净刮走。然而，点点绿洲成了土库曼人的乐园，南部靠伊朗边界山麓有大片草原牧场，300多万人在这片土地上生息。这里的沙地相当肥沃，地下还蕴藏着石油、天然气，人们渴望得到足够的水，让沙漠变成良田和牧场。

塔克拉玛干沙漠

塔克拉玛干沙漠小档案

地理位置：中国新疆塔里木盆地

面积：337600平方千米

气候：温带干旱沙漠

塔克拉玛干沙漠是世界上大型沙漠俱乐部成员之一，从面积上来看，它在众多非极地沙漠中位居第15位。

全世界最神秘的沙漠

塔克拉玛干沙漠位于新疆天山以南、昆仑山以北的塔里木盆

地的中心，是中国最大的沙漠，占全国沙漠总面积的43%。世界上面积超过30万平方千米的大沙漠中，属于流动性沙漠的只有撒哈拉沙漠和鲁卜哈利沙漠，其他的沙漠如卡拉库姆沙漠、塔尔沙漠、维多利亚沙漠等都是固定、半固定的沙漠。而撒哈拉沙漠又是由零星小块的流沙组成，没有完全连接成片。世界上最大的流动性沙漠属阿拉伯半岛上的鲁卜哈利沙漠，其次就是中国的塔克拉玛干沙漠。

塔克拉玛干沙漠位于中国新疆的塔里木盆地中央。整个沙漠东西长约1000余千米，南北宽约400多千米，总面积337600平方千米，是中国最大的沙漠，仅次于非洲撒哈拉大沙漠，是全世界第二大流动性沙漠。这里全年有三分之一是风沙日，大风风速达每秒300米。由于整个沙漠受西北和南北两个盛行风向的交叉影响，风沙活动十分频繁和剧烈，流动沙丘占80%以上。据测算，那些较为低矮的沙丘每年可移动约20米，近一千年来，整个沙漠向南伸延了约100千米。科学家最新一项研究表明，我国面积最大的沙漠——新疆的塔克拉玛干沙漠，可能早在450万年前就已经是一片浩瀚无边的"死亡之海"。科学家对塔里木盆地南部边缘的沉积地层进行了深入分析，发现其中夹有大量风力作用形成的"风成黄土"，年龄至少有450万年，而这些"风成黄土"的物源区（即来源地），就是现在的塔克拉玛干大沙漠。位于塔里木盆地中央的塔克拉玛干大沙漠，面积有33.76万平方千米，相当于新西兰的国土面积。这里长年黄沙堆积，狂风呼啸，渺无人烟，一座座金字塔形的沙丘屹立在沙漠上。

关于塔克拉玛干沙漠，传说在很久以前，人们渴望能引来天山和昆仑山上的雪水浇灌干旱的塔里木盆地，一位慈善的神仙有两件宝贝，一件是金斧子，一件是金钥匙，神仙被百姓的真诚所感动，把金斧子交给了哈萨克族人，用来劈开阿尔泰山，引来清清的山水，他想把金钥匙交给维吾尔族人，让他们打开塔里木盆地的宝库，不幸金钥匙被神仙小女儿玛格萨丢失了。神仙一怒之下，将玛格萨囚禁在塔里木盆地，从此盆地中央就成了塔克拉玛

干大沙漠。塔克拉玛干沙漠流动沙丘面积广大，沙丘高度一般在100米~200米，最高达300米左右。沙漠腹地，沙丘类型复杂多样，复合型沙山和沙垄，宛若憩息在大地上的条条巨龙；塔形沙丘群，呈各种蜂窝状、羽毛状、鱼鳞状，变幻莫测。沙漠腹地有两座红白分明的高大沙丘，名为"圣墓山"，它是分别由红砂岩和白石膏组成的沉积岩露出地面后形成的。"圣墓山"上的风蚀蘑菇，奇特壮观，高约5米，巨大伞盖下可容纳10余人。白天，塔克拉玛干赤日炎炎，银沙刺眼，沙面温度时高达70℃~80℃。旺盛的蒸发使地表景物飘忽不定，游人常常会看到远方出现朦朦胧胧的"海市蜃楼"幻景。沙漠四周，沿叶尔羌河、塔里木河、和田河和车尔臣河两岸，生长发育着密集的胡杨林和柽柳灌木，形成"沙海绿岛"。沙层下有丰富的地下水资源和石油等矿藏资源。

塔克拉玛干沙漠的地表是由几百米厚的松散冲积物形成的。这一冲积层受到风的影响，其为风所移动的沙盖厚达300米。风形成的地形特征多种多样，各种形状与大小的沙丘均可见到。较大的沙丘链幅度可观，高30米~150米，宽240米~503米，链间距离

0.8千米~5千米。风形成的最高的地形形状是金字塔形沙丘，高195米~300米。在沙漠的东部和中部，以中间凹陷的沙丘和巨大、复杂的沙丘链形成的网为主。塔克拉玛干沙漠的气候温暖适度，是明显大陆性的，年最高气温为39℃。年降水量极低，从西部的38毫米到东部的10毫米不等。夏季气温高，在沙漠的东缘可高达38℃。东部地区7月份平均气温为25℃。冬季寒冷，1月份平均气温为-10℃~-9℃，冬季所达到的最低温度一般在-20℃以下。

穿越塔克拉玛干沙漠

在世界各大沙漠中，塔克拉玛干沙漠是最神秘、最具有诱惑力的一个。沙漠中心是典型大陆性气候，风沙强烈，温度变化大，全年降水少。这儿风沙活动频繁，沙丘形态奇特，最奇妙的是有两座红白分明的沙丘，名圣墓山。山顶经过风的侵蚀而形成了一朵大蘑菇的形状。由于地壳的升降运动，红砂岩和白石膏构成的沉积岩露出地面，形成红白鲜明的景观。沙漠四周，沿叶尔羌河、塔里木河、和田河和车尔臣河两岸，生长发育着密集的胡杨林和柽柳灌木，形成沙海绿岛。特别是纵贯沙漠的和田河两

岸，长生芦苇、胡杨等多种沙生野草，构成沙漠中的绿色走廊，走廊内流水潺潺，绿洲相连。林带中住着野兔、小鸟等动物，亦为死亡之海增添了一点生机。考察还发现沙漠中地下水储存量丰富，且利于开发。有水就有生命，科学考察推翻了生命禁区论。浩瀚沙漠中，迄今发现的古城遗址无数，尼雅遗址曾出土东汉时期的印花棉布和刺绣。

由于地处欧亚大陆的中心，四面为高山环绕，塔克拉玛干沙漠充满了奇幻和神秘的色彩。变幻多样的沙漠形态，丰富而抗盐碱风沙的沙生植物植被，蒸发量高于降水量的干旱气候，以及尚存于沙漠中的湖泊，穿越沙海的绿洲，潜入沙漠的河流，生存于沙漠中的野生动物和飞禽昆虫等；特别是被深埋于沙海中的丝路遗址、远古村落、地下石油及多种金属矿藏都被笼罩在神奇的迷雾之中，有待于人们去探寻。

佛教在西元最初几个世纪，通过这条横贯亚洲的大路传到东亚，中国的多数外贸和其他对外联系也经由这条路进行。然而，

到15世纪~16世纪时，通往东亚的海路已经取代了古老的陆路。一连数世纪，对于欧洲人来说，沙漠及其绿洲城镇成为神秘的僻壤。在三面围绕塔克拉玛干沙漠的高耸山脉和其余一边毗连的令人生畏的戈壁，严酷地限制了对这一极难穿越的地区的接近。有一种传说是在塔克拉玛干沙漠的北缘，轮台县野云沟乡和库尔楚以南，骑骆驼要走两天之遥的沙漠中，有一个神秘去处，当地人叫"夏里苦岱克"（意为枯林中的街市），远远地就可看到是一片绿洲，朦朦胧胧的湖光水色，清澈的湖面碧波荡漾，金色的胡杨倒影在泛起涟漪的湖面，走近古城，影影绰绰可看见城墙、宫殿、大街小巷，还能听见里面有鸡鸣、狗叫……这一带的人对古城有很多神奇的说法，说到过古城，城中街市房屋皆好，就是不见一个人，城中弯腰即可捡到玉石玛瑙、金银珠宝，散落的钱币遍地都是，但是谁也不能把它们扛出沙漠，因为出了古城就会遇到黑风暴。史料记载，楼兰——善鄯王国最后灭亡于且末。沮渠安周攻打善鄯，善鄯王之子率五千国民降安周，后随其回到吐鲁

番地区（善鄯由此得名）；善鄯王比龙带四千国民携王室家眷以及国中财产，西逃且末。且末古城应在今天距塔克拉玛干沙漠边缘100千米至150千米的沙海之中。

在维吾尔族语中，塔克拉玛干是"走进去出不来"之意。传说，塔克拉玛干腹地的楼兰古城的残垣断壁间，裸露着金条和金块。有个旅行队到那里装了很多的金子，想用骆驼运出沙漠，但骆驼却一直在古城周围转着圈子，怎么也走不出来。还有一个传说的是，有个人一次走进古城带了许多金子，地上却出现了无数的猫不停地袭击他，直到他将那些金子掷去，那些猫忽然就不见了……这一个个的传说，为塔克拉玛干这个被称作死亡之海的地方涂抹上了无尽的神秘色彩，因而，成了无数探险家梦寐以求想要到达的地方。

极少的植物

塔克拉玛干沙漠平均年降水不超过100毫米，最低只有四五毫米，而平均蒸发量高达2500毫米~3400毫米。这里，金字塔形的沙丘屹立于平原以上300米。狂风能将沙墙吹起，高度可达其3倍。沙漠里沙丘绵延，受风的影响，沙丘时常移动。沙漠里亦有少量的植物，其根系异常发达，超过地上部分的几十倍乃至上百倍，以便汲取地下的水分。那里的动物有夏眠的现象。

塔克拉玛干沙漠有许多河流注入流沙地区，像塔里木河、叶尔羌河、车尔臣河、和田河、克里雅河等，有的河流竟纵穿沙漠而过。这些河流大都发源于塔里木盆地南部的昆仑山、喀喇昆仑山和北部的天山。

由于水源丰沛，河流两岸的谷地蕴含着水质优良、水量充足的地下水，有的地方泉水溢出，形成许多零星的小湖。在这些水利条件比较好的地方，分布着一片片绿洲，成为天然的牧场，像克里雅河下游的绿洲，面积达30余万亩，而且绿洲上分布有固定的居民点，成为沙漠里的村庄。在河谷地带，丛生着大片的胡杨林，给干旱的沙漠增添了生气。尤其在塔里木河、叶尔羌河、喀什噶尔河、阿克苏河、和田河的汇流处，胡杨更是"纵横百里，蔓野成林"。

据统计，这片胡杨林东西长150千米，南北宽90千米，宛若一条绿色的长城。森林中灌木少，地面铺满枯枝落叶，土质十分肥沃。但总的来说，塔克拉玛干沙漠植被极端稀少，几乎整个地区都缺乏植物覆盖。在沙丘间的凹地中，地下水离地表不超过3米~5米，可见稀疏的柽柳、硝石灌丛和芦苇。然而，厚厚的流沙层阻碍了这种植被的扩散。植被在沙漠边缘——沙丘与河谷及三角洲相会的地区，地下水相对接近地表的地区——较为丰富。在那

里，除了上述植物外，尚可见一些河谷特有的品种：胡杨、胡颓子、骆驼刺、蒺藜及猪毛菜。冈上沙丘常围绕灌丛形成。

塔克拉玛干沙漠的动物也极端稀少。只是在沙漠边缘地区，在有水草的古代和现代河谷及三角洲，动物才较为多样。在开阔地带可见成群的羚羊，在河谷灌木丛中有野猪、猞猁、塔里木兔、野马、天鹅、啄木鸟。食肉动物有狼，狐狸和沙蟒。直到20世纪初，还可见到虎，但它们从那时起就灭绝了。

稀有动物包括栖息在塔里木河谷的西伯利亚鹿与野骆驼，后者在19世纪末时尚在远及和田河的塔克拉玛干沙漠的多半地域徜徉，但现在只偶然出现于沙漠东部地区。

该沙漠动物约有272种，高等植物有73种，还有许多低等植物和微生物。

延 伸 阅 读

塔克拉玛干有着辉煌的历史文化，古丝绸之路途经塔克拉玛干的整个南端。许多考古资料说明，沙漠腹地静默着诸多的曾经有过的繁荣。在尼雅河流、克里雅河和安迪尔流域，西域三十六国之一的精绝国、弥国和货国的古城遗址至今鲜有人至或鲜为人知；在和田河畔的红白山上，唐朝修建的古城堡雄姿犹存。

浑善达克沙地

浑善达克沙地小档案

地理位置：内蒙古中部锡林郭勒草原南端

面积：5.2万平方千米

气候：中温带大陆性气候

浑善达克沙地水草丰美，景观奇特，风光秀丽，有人称它为"塞外江南"，也有人称它为"花园沙漠"。那里野生动植物资源比较多，是候鸟的产卵繁育地，还有很多珍稀的植物和药材。

离北京最近的沙地

浑善达克沙地是我国十大沙漠沙地之一，位于内蒙古中部锡林郭勒草原南端，距北京直线距离180千米，也是离北京最近的沙源。浑善达克沙地东西长约450千米，平均海拔1100多米，是内蒙古中部和东部的四大沙地之一。

浑善达克沙地是中国著名的有水沙漠，在沙地中分布着众多的小湖、水泡子和沙泉，泉水从沙地中冒出，汇集入小河。这些小河大部分流进了高格斯太河，也有的只流进水泡子里，还有的只是时令性河流。

近代由于气候的持续干旱和过度放牧，造成草场退化，河流湖泊萎缩，沙化日益严重，据研究表明，浑善达克沙地已成为近年来困扰北京的沙尘的主要源头之一。

科学家曾对北京的风积沙做过鉴定，发现北京沙的重矿物和不稳定矿物成分，明显高于周围的浑善达克沙地、毛乌素沙地、科尔沁沙地，说明它们没有联系。北京沙的磨圆度较差，表面比较粗糙，也与周围地区沙漠沙有显著的区别。由此，科学家得出结论，北京沙的上述特点证明其搬运距离短，形成时间晚，属于北京本地所产之沙，即人们常说的就地起沙。

那么北京本地沙源究竟在哪里？经过考察研究，北京本地主要沙源是由于永定河、潮白河等河流在历史时期因洪水而多次改道，在地表留下了许多故河道、故河滩，成为重要的沙源。大兴区南部、房山区东部有5条沙带，总面积达439.28平方千米。其次就是北京地下还存在沙源。北京有大量的沙、砾沉积，后来被泥土掩埋在地下深处。当基建施工挖到距地表8米~10米处，即会见到沙和砾。当然，除了北京本地有沙尘源以外，北京周围地区还有大量的沙尘源。北京东有科尔沁沙地，北有浑善达克沙地，西

有毛乌素沙地、库布齐沙漠、乌兰布和沙漠、宁夏沙地、腾格里沙漠、巴丹吉林沙漠，北京实际上被沙漠所包围。除科尔沁沙地以外，其余均在北京的上风区，春天的季风很容易将沙漠地区的沙尘吹到北京来，增加了北京的沙尘。

浑善达克沙地形成于晚第三纪。当时受暖干亚热带动力高压控制和较弱东亚季风影响，出现温暖干旱荒漠，半干旱草原及木森林草原之间的环境变化，形成亚热带红色季风性沙漠沉积。第四纪，受东亚季风及其变迁影响，环境在温带荒漠草原至森林草原之间波动变化，出现一系列活化，沙漠扩展与沙丘固定，沙漠收缩的波动过程，形成温带黄色季风型沙漠沉积。浑善达克沙地多为固定或半固定沙丘，沙丘大部分为垄状、链状，少部分为新月状，呈北西向南东向展布，丘高10至30米，丘间多甸子地，多由浅黄色的粉沙组成。

浑善达克沙地自然条件独特。地势西南高，东北低，平均海拔1300米。沙地的中东段，为典型的坨甸相间地貌类型。在沙丘

间形成的平坦草地上发育着疏林、灌丛和草甸，与其他草原构成独特的牧区风光。南部为低山丘陵地貌，是燕山北缘的低山丘陵与大兴安岭西南缘的低山丘陵交会地带，山间分布有面积较大的草原。北部的浑善达克沙地和南部的金莲川典型草原是生态环境的维持系统，更是京、津、冀地区生态环境的有利屏障。浑善达克沙地气候温和，属中温带大陆性气候，年平均气温为1.5℃，一月份平均气温-18.3℃，七月份平均气温18.7℃，极端最高温度35.9℃，极端最低气温-36.6℃，夏季凉爽宜人，是避暑的好地方。全年降雨量为365.1毫米，而且主要集中在7月~9月份，约占全年降雨量的80%~90%。全年的无霜期104天，冬天有180天的冰雪期。

热闹的沙地

在浑善达克沙地东部边缘的克旗达尔罕乌拉苏木，生长着大面积的以沙榆为主的沙地疏林：万物复苏的春天，沙丘间的株株

沙榆吐露出嫩绿的榆钱，让死寂的沙地充满生机；烈日炎炎的夏日形态各异的沙榆枝叶相连，为茫茫沙漠撑开绿荫；霜冻后的深秋，橘红色的树叶又让沙地层林尽染，景色宜人；白雪飘飞的寒冬这些沙榆又成为防风固沙的勇士，迎风傲雪昂然挺立。自达尔罕往东相隔二十几千米的白音敖包国家自然保护区，生长着3.6万亩世界珍奇树种——沙地云杉，此树属常绿乔木，极耐寒冷和干旱，既能调节气候、净化空气，又能防风固沙、保护草原。

　　沙地云杉不仅创造了沙漠生命的奇迹，还以其不畏严寒、傲然挺拔的雄姿赢得了人们的青睐。此树由于生存年代久远且具有极强的固沙能力，因此被称为沙漠上的"绿宝石"、"生物活化石"。

　　浑善达克沙地周围，是候鸟栖息繁育地的聚居地。每年三、四月份，湖水刚一化开，大批候鸟从南方飞回，来到查干诺尔湖栖息，在浑善达克沙地的小湖、泡子的芦苇、蒲草中产卵育雏。但是，近年来，在那里栖息的候鸟已大大减少。据在那里生活多年并在那里进行了详细考察的原轻工业部退休干部郑柏峪先生说，这主要是因为生态环境逐渐恶化，再加上人为的搅扰捕杀，候鸟再也不敢在那里产卵繁育。它们走投无路，甚至不得不到北京的公园、湖泊、河流繁育后代。

　　浑善达克沙地在锡林郭勒草原的中南部，呈东西走向，绵延300多千米，总面积2.14万平方千米。沙地中沙丘起伏，间有丘间低地和滩地。沙地中分布着众多的小湖、水泡子和沙泉，泉水从沙地中冒出，汇集入小河。这些小河大部分流进了高格斯太河，也有的只流进水泡子里，还有的只是时令性河流。浑善达克沙地野生动植物资源比较多，是候鸟的产卵繁育地，还有很多珍稀的植物和药材，人称"花园沙漠"。

在浑善达克沙地的腹地，沙丘连绵不断，在这些沙丘的上面长着沙蒿、茅草和黄柳，而沙丘的下面则是美丽的红柳林。在红柳林中间，有许多奇花异草，有的地方甚至有上千亩的野生黄花菜，花开时节，金光耀眼，十分壮观。因为近些年气候变化，地下水位下降，泉水消失，河水断流，一些地方沙化加重，树木枯死，草场退化，正严重威胁着这片美丽的花园。对生态的这一变化，人们不但束手无策，而且不了解其原因，例如有人提出是降水减少的缘故，但是生长在水里的红柳为什么也会死亡呢？人们不禁为浑善达克沙地的未来担心。

延 伸 阅 读

浑善达克沙地内部地形多变，路况复杂，沙丘、泥地、河流和湖泊众多，野生动植物种类繁多，民风淳朴，风景壮美，是越野旅行与竞技的理想场所，最近几年成功举办过多次国家级别的穿越挑战赛，民间的越野爱好者自组团队穿越旅行，锻炼越野驾驶技艺的活动就更加多见了。

毛乌素沙漠

毛乌素沙漠小档案

地理位置：位于内蒙古自治区

面积：4.22万平方千米

气候：中温带大陆性气候

毛乌素沙漠又称鄂尔多斯沙地，在鄂尔多斯市南部，陕西省长城一线以北。

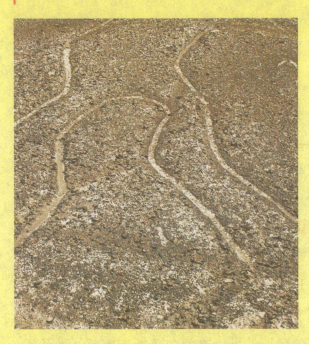

牧场变沙漠

　　鄂尔多斯沙漠是一片在我国内蒙古自治区南部的鄂尔多斯高原上的荒漠和干草原地带。此地土壤由黏土和沙组成，因此并不适宜耕种。其总面积约90650平方千米，可细分为两个地区：北部的中国第七大沙漠——库布其沙漠和南部的第八大沙漠——毛乌素沙漠。

　　毛乌素沙漠是中国大沙区之一，包括内蒙古自治区的鄂尔多斯南部、陕西省榆林市的北部风沙区和宁夏回族自治区盐池县东北部，总面积为4.22万平方千米。地名起源于陕北靖边县海则滩乡毛乌素村。毛乌素沙区处于几个自然地带的交接地段，植被和土壤反映出过渡性特点。除向西北过渡为棕钙土半荒漠地带外，向西南到盐池一带过渡为灰钙土半荒漠地带，向东南过渡为黄土高原暖温带灰褐土森林草原地带。

　　毛乌素沙漠位于陕西省榆林市和内蒙古自治区鄂尔多斯之间，万里长城从东到西穿过沙漠南缘。据考证，古时候这片地区水草肥美，风光宜人，是很好的牧场。后来由于气候变迁和战乱，地面植被丧失殆尽，就地起沙，形成后来的沙漠（沙地）。这里曾流传着"榆林三迁"的故事。今非昔比，现在的榆林已是

"塞上名城"。大约自唐代开始有积沙，至明清时已形成茫茫大漠。原是畜牧业比较发达的地区。这里降水较多，且有利植物生长，固定和半固定沙丘的面积较大。5世纪时草滩广大，河水澄清，后来经不合理开垦，植被破坏，流沙不断扩大，以致到1949年时沿长城的靖边、榆林、神木一带流动沙丘密集成片，但西北部仍以固定和半固定沙丘居多。1959年以来，已大力兴建防风林带，引水拉沙，引洪淤地，开展了改造沙漠的巨大工程。

毛乌素沙地海拔多为1100米~1300米，西北部稍高，达1400米~1500米，个别地区可达1600米左右。东南部河谷低至950米。毛乌素沙区主要位于鄂尔多斯高原与黄土高原之间的湖积冲积平原凹地上。出露于沙区外围和伸入沙区境内的梁地主要是白垩纪红色和灰色砂岩，岩层基本水平，梁地大部分顶面平坦。各种第四系沉积物均具明显沙性，松散沙层经风力搬运，形成易动流

沙。平原高滩地（包括平原分水地和梁旁的高滩地）主要分布全新统一上更新统湖积冲积层。现在的毛乌素沙漠区域，史载从东汉开始出现沙迹，后因外来人口的增加，发生了过垦、过牧、过樵的"三过"问题，致使本来良好的生态环境受到破坏，沙化逐渐加剧，小气候呈现出雨水少、风沙大、干旱频发的特点，土地沙化进一步向南部推进。这样，就有了东西长400千米，南北宽12千米至80千米，面积达14000多平方千米，分布于伊盟南部和陕西榆林一带的毛乌素大沙漠。这一沙漠的发展过程，据榆林治沙所资料，大致是延续在唐、宋及其后的1000多年间，突出的有唐、宋、明、清四个时期。长城以北的沙漠化发生在唐、宋时期，长城以南30000米范围的沙化则发生在明代以后。从19世纪40年代到1949年，被沙化的土地达200万亩左右，村庄、农田、牧地因此遭受重大损失，乃至被吞没，大约在4000处以上。

"榆林三迁"的故事

　　过去三边地区流传的顺口溜说："柳桂湾刮了一场风，刮得白天点上灯，刮得喜鹊丧了命，刮得毛驴掉沟中，刮得磨盘翻烧饼。"事实上，过去不但"三边"地带沙害严重，就连榆林城也难以幸免，曾不止一次有过"沙漫城垣，紧急排除"的事例，风沙甚于兵燹，使城中百姓惶恐不安。

　　而"榆林三迁"也就是史志文书记述与毛乌素沙地相关的沙害事实，也举不胜举。据说唐长庆二年（公元822年）："夏州大风、飞沙为堆、高及城堞"。今之无定河，即古奢延水，"因溃沙急流，深浅无定，故名。"北宋淳化五年（公元994年），太宗赵炅以"夏州深在沙漠，危患关右"为由，发令"众居民迁移摧毁州城"，毁后的城区残迹至今明显可见。当代有的学者考究夏州城（即统万城）的沙害变化，用"八世纪大风积沙，九世纪堆沙高及城堞，十世纪深在沙漠"三句话，概括300年的说法，很有说服力。古诗"忆昔沙场逞战争，伤心将士死长城，可怜白骨归何处，月下凄风带恨声。""汉家今上郡，秦汉古长城。""有日天长惨，无风沙自惊。"

从另一个侧面，使人了解"榆溪塞"南迁的一些实际情况。第一种说法是位于内蒙古河南地的"榆溪塞"，因受风沙的危害，向南迁移，最终落脚在"延绥镇"属下的榆林堡城，塞址由一变三，形成"三迁"说。

第二种说法是，"榆林三迁"指的是今陕北榆林城未建之前，在其地址以北的大沙漠中的榆溪地，已有一小城名"榆溪塞"（有的说小城就在现榆溪河上游，距今榆林城5000米的红石峡地带），因遭风沙侵害，向南迁移，中间一址就在红山境内，然后再迁移到现在的榆林城址，也是因迁移留下三个地址，形成"三迁"说。

沙漠里有一湖泊

沙区土地利用类型较复杂，不同利用方式常交错分布在一起。农林牧用地的交错分布自东南向西北呈明显地域差异，东南部自然条件较优越，人为破坏严重，流沙比重大；西北部除有流沙分布外，还有成片的半固定、固定沙地分布；东部和南部地区农田高度集中于河谷阶地和滩地，向西北则农地减少，草场分布增多。现有农、牧、林用地利用不充分，经营粗放。全区流沙面积达1.38万平方千米，中华人民共和国建立后，在陕北进行固沙工作，引水拉沙，发展灌溉，植树造林，改良土壤，改造沙漠，成效显著。通过各种改造措施，毛乌素沙区东南部面貌已发生变化。在一望无际的毛乌素沙漠上，在陕西省最北端的神木县境内，有一个著名的沙漠湖泊——红碱淖。它是陕西省最大的湖泊，同时也是中国最大的沙漠淡水湖，它就像镶嵌在毛乌素沙漠上的一颗明珠。

红碱淖位于陕北神木县尔林兔镇，与内蒙古鄂尔多斯市接壤，是本地区最大的一个沙漠盆湖，当地称为海子。红碱淖属高原性内陆湖，水位稳定，是中国最大的沙漠淡水湖，湖呈三角形。湖岸线长43.7千米，最大水深10.5米，平均水深8.2米，湖面海拔1100

米。红碱淖湖水面积约36000公顷，最大水深15米，蓄水8亿立方米，是陕西最大的内陆湖泊。烟波浩渺，风光旖旎。湖水含盐度为3.5％，适宜发展养殖业。湖西5千米有面积达6.66667万公顷的天然草原牧场，水草丰盛，牛羊成群。湖中盛产鲜鱼，湖滨宜林牧，整个湖区空气清新，环境宜人，是避暑度假的好地方。

红碱淖盛产多种淡水鱼类，共有16种，主要经济鱼类是红碱淖大银鱼，红碱淖鲤鱼、鲢鱼、草鱼、鲫鱼。红碱淖风景名胜区的自然生态环境为候鸟提供了理想的栖息地，共有30余种野生禽类在这里繁衍生息，主要有国家一级保护鸟类遗鸥、国家二类保护动物白天鹅以及鸬鹚、鱼鹰、野鸭、鸳鸯等。

延 伸 阅 读

沙区年均温6℃~8.5℃，1月均温-9.5℃~12℃，7月均温22℃~24℃，年降水量250毫米~440毫米，集中于7月~9月，占全年降水60%~75%，尤以8月为多。降水年际变率大，多雨年为少雨年2~4倍，常发生旱灾和涝灾，且旱多于涝。夏季常降暴雨，又多雹灾，最大日降水量可达100毫米~200毫米。

戈壁滩

戈壁滩小档案

地理位置：位于中国的新疆、青海、甘肃、内蒙古和西藏的东北部等地

面积：130万平方米

气候：环境恶劣，降雨量少，昼夜温差悬殊

戈壁滩不是一个地名，而是一种地质现象，"戈壁"在维吾尔语中就是"沙漠"的意思。戈壁滩主要分布在我国的新疆、青海、甘肃、内蒙古和西藏的东北部等地。

荒凉的戈壁滩

"戈壁"一词，源于蒙古语意思是"难生草木的土地"这一点与维吾尔语有些相似，但实际上，地下泉水

不断从岩石和沙丘中冒出，而此处也有很多盐水湖。这片沙漠的极限温度，冬天可跌至零下20℃，甚至到零下30℃。而夏天最热的时候可升至40℃以上。戈壁滩东西约1600千米、南北约970千米、总面积约130万平方千米，是世界第五大沙漠。戈壁是蒙古帝国的老家，也是匈奴和突厥的活跃地点。自秦朝以来，汉字史书里以"大漠"称之。

戈壁沙漠地区气候环境恶劣，降雨量少，昼夜温差悬殊，风沙大，风速快且持续时间长。沙漠是指沙质荒漠，地球陆地的1/3是沙漠。因为水很少，一般以为沙漠荒凉无生命，有"荒沙"之称。但戈壁滩形成的主要原因还是洪水的冲积而成。当发洪水（特别是山区洪水）时，由于出山洪水能量的逐渐减弱，在洪水冲击地区形成如下地貌特征：大块的岩石堆积在离山体最近的山口处，岩石向山外依次变小，随后出现的就是拳头大小到指头大小的岩石。由于长年累月日晒、雨淋和大风的剥蚀，棱角都逐渐

磨圆，变成了我们所说的石头（学名叫砾石）。这样，戈壁滩也就形成了。而那些更加细小的砂和泥则被冲积、漂浮得更远，形成了更远处的大沙漠。戈壁滩渗透性极好，地表缺水，植物稀少，仅生长一些红柳、骆驼刺等耐旱植物，而且经常刮风。

戈壁是粗砂、砾石覆盖在硬土层上的荒漠地形。按成因砾质戈壁可分为风化的、水成的和风成的三种。沙漠指沙质荒漠，整个地面覆盖大片流沙，广泛分布着各种沙丘。在风力作用下，沙丘移动，对人类造成严重危害。沙漠的地表覆盖的是一层很厚的细沙状的沙子。沙漠的地表有个很神奇的地方，那就是会自己变化和移动的，当然这是在风的作用下。因为沙会随着风跑，沙丘就会向前层层推移，变化成不同的形态。戈壁就不会那样了，因为戈壁的地表是黄土和稍微大一点的砂石混合组成的，其比例大概为1:1，在戈壁滩上还分布或多或少的植被，在起风的时候吹起的大多是尘土，风力大时也会出现飞沙走石的景观，但是戈壁的

地貌是不会改变的。戈壁是沙漠的前身，戈壁在风蚀作用进一步的侵蚀下就会演变成沙漠。戈壁是荒漠的一个类型，即地势起伏平缓、地面覆盖大片砾石的荒漠。戈壁地面因细砂已被风刮走，剩下砾石铺盖，因而有砾质荒漠和石质荒漠的区别。蒙古人称沙漠地区，这种地区尽是沙子和石块，地面上缺水，植物稀少。

海市蜃楼是怎么形成的

烈日炎炎，炙烤着戈壁大地，浩瀚的沙漠上，蒸腾着滚滚热浪。天空没有一丝云彩，也没有一点风。一支干渴的骆驼队艰难地行进着。突然，在远处的地平线上，奇迹般地出现了一片绿洲，绿洲内翠柳成阴，倒映在一个微波荡漾的湖面上。然而正当人们满心欢喜的向着绿洲奔去的时候，它又消失了。这种神秘的幻景也常常出现在海面上。在天气晴朗、平静无风的时候，有时会在海面上空浮现出一座城市，亭台楼阁完整地显现在空中，来往的行人、车马清晰可见，城市景色变化多端，然后逐渐模糊消

失。这种神秘的模糊的幻景，人们称为"海市蜃楼"。那么，这种奇妙的幻影究竟是怎样产生的呢？

我们知道，空气的密度随温度的变化而变化，而空气密度的变化又使它对光的折射率发生影响。在炎热的夏天，沙漠上空的温度逐渐降低，密度逐渐增大，而空气的折射率也逐渐增大。在无风的时候，由于空气的导热性差，这种折射分布不均匀的状态能持续一段时间。为了说明沙漠绿洲的形成原因，设想将空气从地平面算起分成若干个平行的折射率层，从下往上每层的折射率递增。当日光照到一棵树上，树上反射的一条光线从上层（折射率高）射向下层（折射率低），根据光的折射定律，这条光线向折射率大的方向偏折。如果光线射到某一层，入射角大于临界角时，它将产生全反射，再度向上偏折，最后射入人们的眼睛，就会感到它好像从一面"镜子"上反射出来的一样，这面镜子就是最后反射光线的那层空气。远远看去，就像是地平线上泛起的一湾湖水，地面上的景物倒映在湖水之中。当被太阳晒热的大气微微地颤动时，便使人感到湖面上水波荡漾。这就是"海市蜃

楼"的形成原因。

　　海面上出现海市蜃楼的理由与此相似。因为靠近海面的温度比较低，而上方的空气温度较高，与沙漠上空的温度分布刚好相反，因此从实际景物反射出来的光线将向下弯曲，出现的幻景比实际景物高，看起来就像浮现在空中一样。

延 伸 阅 读

　　新疆吐鲁番地区鄯善县文物工作者在火焰山北部戈壁滩发现大面积罕见神秘"怪石圈"。这些"怪石圈"占地面积约一万余亩。"怪石圈"有大有小、有圆有方，有的为"口"字形串联状，有的为方形与圆形石圈混合摆置。奇怪的是，这些"怪石圈"所用的石头在附近的戈壁滩很难找到。

古尔班通古特沙漠

古尔班通古特沙漠小档案

地理位置：新疆准噶尔盆地中央

面积：4.88万平方千米

气候：中温带大陆性气候

古尔班通古特沙漠位于新疆准噶尔盆地中央，玛纳斯河以东及乌伦古河以南，是中国第二大沙漠，同时也是中国面积最大的固定、半固定沙漠。

荒漠丛林

"古尔班通古特"是蒙古语，"古尔班"表示三个的意思。原以固定、半固定沙丘为主，自1958年开始出现流动沙丘。古

尔班通古特沙漠是中国第二大沙漠。玛纳斯河以东及乌伦古河以南地区，位于准噶尔盆地的中央，海拔300米~600米。由4片沙漠组成，西部为索布古尔布格莱沙漠，东部为霍景涅里辛沙漠，中部为德佐索腾艾里松沙漠，其北为阔布北——阿克库姆沙漠。准噶尔盆地属温带干旱荒漠。该沙漠年降水量为70毫米~150毫米，沙漠内部绝大部分为固定和半固定沙丘，其面积占整个沙漠面积97%，形成了中国面积最大的固定、半固定沙漠。固定沙丘上植被覆盖率40%~50%，半固定沙丘达15%~25%，可以作为优良的冬季牧场，沙漠内植物种类较丰富，可达百余种。植物区系成分处于中亚向亚洲中部荒漠的过渡。

沙漠的西部和中部以中亚荒漠植被区系的种类占优势，广泛分布以白梭梭、梭梭、苦艾蒿、白蒿、蛇麻黄、囊果苔草和多种短命植物等；沙漠西缘有甘家湖梭梭林自然保护区，为中国唯一以保护荒漠植被而建立的自然保护区，面积上千公顷。古尔班通古特沙漠的梭梭分布面积达100万公顷，在古湖积平原和河流下游三角洲上形成"荒漠丛林"。

沙漠的沙粒主要来源于天山北麓各河流的冲积沙层。沙漠中最有代表性的沙丘类型是沙垄，占沙漠面积的50%以上。沙垄平面形态成树枝状。其长度从数百米至十余千米，高度自10米~50米不等，南高北低。在沙漠的中部和北部，沙垄的排列大致呈南北走向，沙漠东南部成西北—东南走向。在沙漠的西南部分布着蜂窝状沙丘，南部出现有少数高大的复合型沙垄。流动沙丘集中在沙漠东部，多属新月形沙丘和沙丘链。沙漠西部的若干风口附近，风蚀地貌异常发育，其中以乌尔禾的"风城"最著名。

古尔班通古特沙漠和塔克拉玛干沙漠不同，它不是那种寸草不生的流动沙山。其沙丘上生长着梭梭，红柳和胡杨，沙漠下蕴含着丰富的石油资源。路的左边都是彩南油田的采掘工作面，彩南油田是中国投入开发的第一个百万吨级自动化沙漠整装油田。由于准噶尔盆地属温带干旱荒漠，气流从准噶尔盆地西部的缺口涌入，使古尔班通古特沙漠较为湿润，年降水量70毫米~150毫米，冬季有积雪。降水春季和初夏略多，年中分配较均匀。沙漠内部绝大部分为

固定和半固定沙丘，其面积占整个沙漠面积的97%。形成中国面积最大的固定、半固定沙漠。固定沙丘上植被覆盖度40%~50%，半固定沙丘达15%~25%，为亚洲中部灌木漠的主要部分，是优良的冬季牧场。再加上埋藏的古冲积平原和古河湖平原，沉积有巨厚的第四纪松散沉积，赋存着淡承压水，使古尔班通古特虽有沙漠之名，但也是生机盎然，生存的植物多达300种以上。

　　对古尔班通古特沙漠，有专家这样评价："沙漠里冬季有较多积雪，春季融雪后，古尔班通古特沙漠特有的短命植物迅速萌发开花。这时，沙漠里一片草绿花鲜，繁花似锦，把沙漠装点得生机勃勃，景色充满诗情画意。""春季开花的短命植物群落最引人瞩目，冬季的雪景、春季的鲜花、夏季的绿灌都各有特色。"

魅力与美丽并存

　　在第四纪早期和中期，胡杨逐渐演变成荒漠河岸林的植物。在极其炎热干旱的环境中，能长到30多米高。当树龄开始老化时，它会逐渐自行断脱树顶的枝杈和树干，最后降低到3米~4米高，依然枝繁叶茂，直到老死枯干，仍旧站立不倒。胡杨被人赞誉是"长着千年不死，死后千年不倒，倒地千年不腐"的英雄树。在额济纳旗，胡杨有另一种说法"长了不死一千年，死了不倒一千年，倒了不朽一千年！"据统计，世界上的胡杨绝大部分生长在中国，而中国90%以上的胡杨又生长在新疆的塔里木河流域。目前，沙雅县拥有面积达366.22万亩天然胡杨林，占到全国原始胡杨林总面积的四分之三，被中国特产之乡推荐及宣传委员会评为"中国塔里木胡杨之乡"。2008年，沙雅南部集中连片、密度较高的198.79万亩胡杨林又被上海大吉尼斯授予"最大面积的原生态胡杨林"称号。

　　沙漠中风沙土广泛分布。沙漠南缘平原上发育灰棕漠土，1949年后已大量开垦。人为活动破坏了天然植被，造成沙漠边缘流沙再起和风沙危害。在准噶尔盆地西北部有大型盐矿，年产原盐40万吨。茫茫大漠绿洲不仅有各种奇观异景，而且保留了大量珍贵的古"丝绸之路"文化遗迹。北庭都护府遗址（红旗农

场南）、土墩子大清真寺、烽火台、马桥故城、西泉冶炼遗址、一〇三团场新渠城子遗址、一〇五团场头道沟古城遗址等都在这条通道附近。这里生命与死亡竞争，绿浪与黄沙交织，现代与原始并存，是观光考察自然生态与人工生态的理想之地。有寸草不生、一望无际的沙海黄浪，有梭梭成林、红柳盛开的绿岛风光，有千变万化的海市蜃楼幻景，有千奇百怪的风蚀地貌造型，有风和日丽、黄羊漫游、苍鹰低旋的静谧画面，有狂风大作、飞沙走石、昏天黑地的惊险场景。中午黄沙烫手，可以暖熟鸡蛋；夜晚寒气逼人，像是进入冬天。沙漠探险，可从东道海子继续北上，沿古驼道横穿古尔班通古特大沙漠腹地，直抵阿勒泰。

延 伸 阅 读

　　古尔班通古特沙漠非常适合大众观光旅游、探险穿越，只有走进她，你才能了解她、理解她。可以先乘飞机或者火车到达乌鲁木齐市，然后转乘开往石河子市的班车。从石河子市开往150团的班车一天大约有3次~4次，车程约三个小时。到达一〇五团后，离驼铃梦坡景点还有约100千米的路程，游人可以选择包车或乘中巴车到景点。路程较远，事先要做好体力和精神上的充分准备！

巴丹吉林沙漠

巴丹吉林沙漠小档案

地理位置：内蒙古西部的阿拉善盟境内

面积：4.92万平方千米

气候：温带干旱和极干旱气候区

巴丹吉林沙漠位于内蒙古西部的阿拉善盟境内，面积达4.92万平方千米，是中国的第二大沙漠。

世界沙漠珠峰

巴丹吉林沙漠位于我国内蒙古自治区阿拉善右旗北部，是我国第三、世界第四大沙漠，其西北部还有1万多平方千米的地域至今尚无人类的足迹。一般海拔高度在1200米~1500米之间。这里奇峰、鸣沙、湖泊、神泉、寺庙堪称巴丹吉林"五绝"。受风力作用，沙丘呈现沧海巨浪、巍巍古塔之奇观。巴丹吉林沙漠占阿拉善右旗总面积的39%，相对高度200米~500米，是中国乃至世界最高沙丘所在地。宝日陶勒盖的鸣沙山，高达200多米，峰峦陡峭，沙脊如刃，高低错落，沙子下滑的轰鸣声响彻数千米，有"世界鸣沙王国"之美称。沙漠中的湖泊星罗棋布，有113个之多，其中，常年有水的湖泊达74个，淡水湖12个，湖泊芦苇丛生，水鸟嬉戏，鱼

翔浅底，享有"漠北江南"之美誉。沙漠东部和西南边沿，茫茫戈壁一望无际，形状怪异的风化石林、风蚀蘑菇石、蜂窝石、风蚀石柱、大峡谷等地貌令人叹为观止。生动记录狩猎和畜牧生活的曼德拉山岩画，被称为"美术世界的活化石"。

高耸入云的沙山，神秘莫测的鸣沙，静谧的湖泊、湿地，构成了巴丹吉林沙漠独特的迷人景观，每年吸引了上万名国内外游客前来观光。巴丹吉林沙漠地处阿拉善沙漠中心，流动沙丘占沙漠总面积的83%。沙漠内分布着不计其数的新月形、金字塔形沙丘和各种形态复杂的沙山，高度一般在200米左右，最高为500米以上。鸣沙分布非常广泛，走进沙漠，几乎到处都可以听到如飞机掠过的轰鸣声，有时因风而唱，有时无风自鸣，音调悦耳动听。沙丘和沙山上长有稀疏植物，西部以沙拐枣、籽蒿、麻黄为主；东部主要为籽蒿和沙竹。高大沙山间的低地有144个内陆小湖，主要分布在沙漠的东南部。由于蒸发强烈，湖泊积聚大量盐分，边缘生长芦苇、芨芨草等，为主要牧场。

巴丹吉林沙漠属于温带干旱和极干旱气候区，气候极为干旱，降水稀少，且多集中在6月份~8月份，年降水量仅40毫米~80毫米，而蒸发量却是降水量的40~80倍，光照强烈，是内蒙古自治区光照最充足、太阳能资源最丰富的地区之一。夏季高温酷热，最高温度可达38℃~43℃，地表温度则更高，冬、春季大风强劲，巴丹吉林沙漠是内蒙古地区风能资源最丰富的地区，一年中大风天数可达60天之多。

虽然气候极为干旱，却不是人们的想象的那样没有一滴水，巴丹吉林沙漠内有着许多的湖泊。据统计，在沙漠之中、沙丘之间，分布有面积在1.5平方千米以下的沙漠湖泊140多个，多以咸水湖为主，这些湖泊最深的可达水深6米以上，在沙漠的西部和北部，还有两个较大的湖盆，西部南北走向的古鲁乃湖约180千米长，10千米宽，北部的拐子湖东西走向，约100千米长，6千

米宽，湖滨地带水分涵养较好。此外，在沙漠中还有多处泉水涌出，水质清澈，甘甜可口，可供人畜饮用。更神奇的是，该地湖泊严冬也不结冰。

在巴丹吉林沙漠内，沙山沙丘、风蚀洼地、剥蚀山丘、湖泊盆地交错分布，并以流动沙丘为主。最高沙峰为必鲁图峰，海拔1617米，相对高度500多米，是世界上最高的沙山，比撒哈拉大沙漠高峰还高70多米，俗称"世界沙漠珠峰"。 受风力作用，沙丘呈现沧海巨浪、巍巍古塔之奇观。宝日陶勒盖的鸣沙山高达200多米，峰峦陡峭，沙脊如刃，沙子下滑时的轰鸣声可响彻数千米，有"世界鸣沙王国"之美称。

在沙漠内还有一百多个星罗棋布的沙漠湖泊，多以咸水湖为主，最深的可达6米以上，湖畔芦苇丛生，水鸟嬉戏。此外，在沙漠中还有多处泉水涌出，音德日图的泉水最为著名，被誉为"神泉"。该泉处于湖心，涌于石上，在不到3平方米的小岛上有108个泉眼，泉水甘冽爽口，水质极佳。著名的苏敏吉林庙是阿拉善最古老最有名的历史人文景观之一，该庙建于1755年，建筑分上下两层，面积近300平方米，相传修庙的一砖一瓦、一石一木都是靠人工运进的。在沙漠东部和西南边沿，茫茫戈壁一望无际，形状怪异的风化石林、风蚀蘑菇石、蜂窝石、风蚀石柱、大峡谷等地貌令人叹为观止。

隐藏的"聚宝盆"

在沙丘的背风处，在沙丘的底部、湖岸边、泉水旁，生长着许多沙漠植物和沙漠动物，是沙漠中的另一道风景。在广阔的沙漠之中，除了漫漫的黄沙，星星点点的湖水，还有美丽的绿色，为沙漠平添了几分生命的痕迹。在沙丘的背风处，在沙丘的底部、湖岸边、泉水旁，生长着乔木、灌木和草本植物，湖岸边的芦苇、芨芨草等植物可供造纸，梭梭、柠条、霸王、籽蒿、胡杨、骆驼刺是优良的防风固沙树种，也是沙漠中动物的食物。沙葱是美味的菜蔬，莎草、莎米的果实可做面粉的替代品，沙枣的果实含有大量淀粉，可供多种用途，沙棘、白刺的果实富含维生素，可提取果汁、酿

酒等。在沙漠之中还有多种药用植物，锁阳寄生在白刺身上，是珍贵的中药材，而肉苁蓉更有着"沙漠人参"的美称。

在这环境恶劣的沙漠之中，除了绿色的植物生命外，还活跃着许许多多的沙漠动物，它们已经习惯了那里的酷热、严寒与缺水，甚至身体的颜色也变得与沙漠相近，它们是沙漠中另一道流动的风景。丰富的动物、植物资源与大量的硅、铝、铁、钙等矿物资源使巴丹吉林沙漠不是什么"不毛之地"、"死亡之海"，而是富庶的"聚宝盆"，有着巨大的开发价值。

中国沙尘暴的沙源

巴丹吉林沙漠被认为是中国频发的沙尘暴的沙源，这里总体的生态现状还在进一步恶化。巴丹吉林隶属于阿拉善盟，该盟境内还有腾格里、乌兰布和雅玛雷克三大沙漠。阿拉善盟总面积27万平方千米，可以用三个"1/3"概括——1/3沙漠，1/3戈壁，

1/3荒漠半荒漠草原。当地有句玩笑话：电线杆子还比人头多。27万平方千米上，人口20万，也就是说，1平方千米养不活1个人。阿拉善盟环保局和内蒙古航空遥感测绘院共同完成的一份检测报告指出：阿拉善盟的四大沙漠已有7处"握手"，土地沙化正在加剧，沙漠有连成片的危险，其中巴丹吉林的沙化速度最快，平均一天就扩大0.5平方千米。沙漠援救其实已经展开。阿拉善盟境内正在实施一系列水调配计划，希望借此改善水环境。

此外，国内不少科学家坚持认为，巴丹吉林底下藏有丰富的深层地下水，如果能知道它们具体走向并加以合理利用，沙漠绿洲就不会消逝。

巴丹吉林沙漠有五绝，沙峰、鸣沙、湖泊、奇泉、古庙，其中当以奇泉最令人匪夷所思。在一个叫庙海子的盐水湖边，有一处喷涌的泉水，泉眼粗若碗口，伸手探下去，深不及底，泉中有虾，通体透明，随喷泉翻涌的沙子被涤荡的晶莹剔透，喷出的泉

水经年流入海子，在地上形成了一条深深的渠道。在海子的北部，离岸边有5米远的湖水中，有一眼突泉，水柱如脸盆一般大小，水面上浪花翻滚，宛若莲花。当地人说，前些年有人在泉的四周围了围堰，想建个池塘，无奈沙漠中没有土石，用沙子堆起的围堰经不住水的压力，崩塌了。如今那个围堰早被泉水荡平，连痕迹也全然不见。泉眼之多、之奇集中在叫音德日图的海子，这个海子号称有一百单八泉，"磨盘泉"就在海子中一块破水而出的大石头上，石头约有1米多高，顶部大致有3平方米，状如磨盘，其上泉眼密布，泉水披挂而下。据说这个泉的水被称之为"圣水"，旧社会王爷不让妇女靠近，现在当地人依旧遵守着这个习俗。

延 伸 阅 读

作为"沙漠之舟"，骆驼本是沙漠役力主角，但在巴丹吉林沙漠腹地，骡子却正在逐渐取代骆驼而成为沙漠新宠。在巴丹吉林沙漠，没有想象中的铃声叮当的驼队，倒是有时会看到骑骡子疾走的人。以前，沙漠里的骡子只是骆驼的配角，但因为骡子比骆驼吃得少，脚力好，走得快。所以就颠倒过来了，骆驼只有在骡子不够用的情况下才启用。

腾格里沙漠

腾格里沙漠小档案

地理位置：在阿拉善地区的东南部，介于贺兰山与雅布赖山之间。大部分属内蒙古自治区，小部分在甘肃省。

面积：4.27万平方千米

气候：中温带典型大陆性气候

腾格里沙漠属于中纬度沙漠，又称为温带沙漠。

中国大沙漠——腾格里沙漠

腾格里沙漠在阿拉善地区的东南部，介于贺兰山与雅布赖山之间。大部分属内蒙古自治区，小部分在甘肃省。面积42700平方千米。沙漠内部有沙丘、湖盆、草滩、山地、残丘及平原等交错分布。沙丘面积占71%，以流动沙丘为主，大多为格状沙丘链及新月形沙丘链，高度多在10米~20米之间。湖盆共422个，半数有积水，为干涸或退缩的残留湖。包头至兰州铁路有31千米经过腾格里沙漠的东南边缘。铁路沿线200米~300米的范围内经过治理，原来的流动沙丘已固定，保障了铁路运输安全。

腾格里沙漠形成的两个主要原因，就是干旱和风。加上人们滥伐森林树木，破坏草原，令土地表面失去了植物的覆盖，沙漠便因而形成。沙漠的形成，除了干旱气候条件与滥伐森林树木，破坏草原外，还要有丰富的沙漠物质来源，它们多分布在沉积物丰厚的内陆山间盆地和剥蚀高原面上的洼地和低平地上。沙源有来自古代或现代的各种沉积物中的细粒物质。如中国的塔克拉玛干沙漠和古尔班通古特沙漠的沙源于古河流冲积物；腾格里沙漠、毛乌素沙漠和小腾格里沙漠的大部分沙源于古代与现代的冲积物和湖积物；塔里木河中游和库尔勒西南滑干河下游的沙漠都来自现代河流冲积物；腾格里沙漠和贺兰山、狼山——巴音乌拉山前地区的沙丘来源于洪积——冲积物；鄂尔多斯中西部高地上的沙丘来源于基岩风化的残积物。气候终年为西风环流控制，属中温带典型的大陆性气候，降水稀少，年平均降水量102.9毫米，最大年降水量150.3毫米，最小年水降水量公33.3毫米，年均气温7.8℃，绝对最高气温39℃，绝对最低气温−29.6℃，年均蒸发量2258.8毫米，无霜期168天，光照3181小时，太阳辐射每平方厘米为150千卡，大于10℃的有效积温3289.1℃，终年盛行西南风，主要害风为西北风，风势强烈，年均风速4.1米／秒，风沙危

害为主要自然灾害，但光热资源丰富，发展农业具有潜在优势。

　　沙漠内大小湖盆多达422个，多为无明水的草湖，面积在1至100平方千米间，呈带状分布。水源主要来自周围山地潜水。湖盆内植被类型以沼泽、草甸及盐生等为主，是沙漠内部的主要牧场。山地大部为流沙掩没或被沙丘分割的零散孤山残丘，如阿拉古山、青山、头道山、二道山、三道山、四道山、图兰泰山等。沙漠内部的平地主要分布在东南部的查拉湖与通湖之间。沙漠中的湖盆边缘已有小面积开垦。人口密度较巴丹吉林沙漠大。沙漠腹部有查汗布鲁格、图兰泰、伊克尔等乡，居民点分布在较大的湖盆外围。沙漠边缘有通湖、头道湖、温都尔图和孟根等居民点，此外还有一些固沙林场。沙坡头附近为国家自然保护区，面积达1.27万公顷。沙漠中有"鸣泉"，可预报地震。

拥有数千万年资历的原生态湖泊

　　古老的黄河野马般地奔腾着穿山越谷，经黑山峡一个急转弯流入宁夏的中卫境内。这一个急转弯，使黄河一改往日的汹涌成为文静秀美的少女，平静缓流，滋润两岸沃土；这一个急转弯，造就了一个神奇的自然景观——沙坡头。沙坡头，位于中卫县城西20千米处的腾格里沙漠南缘，黄河北岸，乾隆年间，因在河岸边形成一个宽2000米、高约100米的大沙堤而得名沙陀头，讹音沙坡头。百米沙坡，倾斜60度，天气晴朗，气温升高，人从沙坡向下滑时，沙坡内便发出一种"嗡——嗡——"的轰鸣声，犹如金钟长鸣，悠扬洪亮，故得"沙坡鸣钟"之誉，是中国四大响沙之一。站在沙坡下抬头仰望，但见沙山悬若飞瀑，人乘沙流，如从

天降，无染尘之忧，有钟鸣之乐，所谓"百米沙坡削如立，碛下鸣钟世传奇，游人俯滑相嬉戏，婆娑舞姿弄清漪。"正是这一景观的写照。

　　腾格里沙漠中还分布着数百个存留数千万年的原生态湖泊。湛蓝天空下，大漠浩瀚、苍凉、雄浑，千里起伏连绵的沙丘如同凝固的波浪一样高低错落，柔美的线条显现出它的非凡韵致。站在腾格里达来高处沙丘，你会惊奇地发现一个奇异的原生态湖泊，它酷似中国地图，芦苇的分布则将全国各省区一一标明，这就是腾格里达来月亮湖。

　　月亮湖是腾格里沙漠中的天然湖泊。当地牧民称之为"月亮湖"、"中国湖"的原因是因为该湖从东边看好像一轮弯月，故此得名。清澈静谧使月亮湖颇具灵性，号称"小三峡"的月亮湖，方圆数千米，湖心岛屿众多，半岛更是数不胜数。月亮湖的周围生长着花棒、柠条、沙拐枣、梭梭等各种灌木林草，还有星点的榆树、杨树和沙枣树。黄羊、野兔、獾猪等数百名野生动物是这里的主人，珍稀的白天鹅、黄白鸭、麻鸭等成群结队栖息于此，沙峰、湖水相映成趣，不啻人间仙境。据检测，月亮湖一半是淡水湖，一半是咸水湖，湖水含硒、氧化铁等10余种矿物质微量元素，且极具净化能力，湖水存留千百万年却毫不混浊，虽然年降水量仅有220毫米，但湖水不但没有减少，反而有所增加。月亮湖是腾格里沙漠诸多湖泊中唯一有湘岸线的原生态湖泊，在它3千米长、2千米宽的湘岸线上，挖开薄薄的表层，便可露出千万年的黑沙泥。经过检测，月亮湖独有的黑沙泥富含十几种微量元素，与国际保健机构推荐的药浴配方极其相似，品质优于"死海"中的黑泥，可谓是腾格里达来独一无二的纯生态资源。

延伸阅读

温带大陆腹地沙漠地区的气候。极端干旱，降雨稀少，年平均降水量200毫米~300毫米，有的地方甚至多年无雨。夏季炎热，白昼最高气温可达50℃或以上；冬季寒冷，最冷月平均气温在0℃以下，气温年较差较大，日较差也较大。云量少，相对日照长，太阳辐射强。自然景观多为荒漠，自然植物只有少量的沙生植物。

柴达木盆地沙漠

柴达木盆地沙漠小档案

地理位置：青藏高原东北部

面积：3.49万平方千米

气候：中温带大陆性气候

柴达木沙漠是中国第五大沙漠位于青藏高原东北部的柴达木盆地的腹地。

中国八大沙漠之一

　　柴达木沙漠是中国八大沙漠之一，位于青海西北部柴达木盆地之中，海拔2500米~3000米，是中国也是世界海拔最高的沙漠地区。柴达木沙漠面积约占柴达木盆地总面积的1/3左右。沙丘、戈壁、盐湖、盐土平原交错。沙漠与风蚀地面积为3.5万平方千米，其中流沙约占70%，以新月形沙丘链为主；戈壁面积达4.5万平方千米。其沙漠化面积大，分布较集中，类型较多。随着气候的变化，人类活动的增加，沙区植被遭到严重的破坏，使原有沙漠化土地面积不断扩大，河流水量日益减少，严重威胁正常的工农业生产和人民群众的日常生活，并将制约柴达木及周边地区的

经济发展。

　　柴达木沙漠干旱程度由东向西增大，东部年降水量在50毫米~170毫米，干燥度2.1~9.0；西部年降水量仅10毫米~25毫米，干燥度在9.0~20.0。盆地中呈现出风蚀地、沙丘、戈壁、盐湖及盐土平原相互交错分布的景观。

　　柴达木沙漠的沙丘分布比较零散，并多与戈壁交错分布于山前洪积平原上，其中比较集中的是在盆地西南部的祁曼塔格山、沙松乌拉山北麓等地，形成一条大致呈西北—东南向的断续分布的沙带。北部花海子和东部铁圭等地也有小面积的分布。沙丘多为流动的新月形沙丘、沙丘链和沙垄，一般高5米~10米，更高的

有20米~50米。当然也有复合型沙丘链的分布，但面积很小。一些固定、半固定的灌丛沙堆，则散布在洪积平原前缘潜水位较高的地带。

"珍珠"镶在柴达木

一条约20余米宽、七八米深的大土沟，沟底一条碧清的河流自南向北蜿蜒流过。这条河宽不过3米，但是水流很急，从岸上能够清楚地看到水中随波飘动的水草和河底的石块。大土沟向南延伸了数百米就分成了东西两岔，河水也分别来自两方。越往南走，河水越小，两岸沟坡上的泉眼越来越多。东边的土沟纵深大约不足一千米，正南方的一岔显得远一些，但相同的是沟的尽头便是河的源头。

有的一处拥挤着许多个泉眼，它们热烈地拥在沟底，不分你我地欢快喷涌；有的独自傲立坡头，汹涌澎湃地展示着自己的身姿；有的泉大水旺，看上去非常类似"泉城"济南闻名遐迩的趵突泉；有的则是涓涓细流，文静得几乎让人分辨不出是泉眼。由于泉水的涌动，随之冒出的细沙在泉眼周围形成了千奇百怪的形状。几汪大的泉眼，大概是源自不同的地层，带出的细纱色彩也各不相同，有的褐红，有的青灰，有的鹅黄，有的则显黑绿，它们周围还有无数的小泉在冒着气泡，仿佛从水底升起颗颗珍珠。在一个拐弯处，细沙在河底形成一个人耳型的图案，整个耳郭饱满，中间向里凹进，显得惟妙惟肖；另一个大泉底部细沙的形状像一头大肥猪，身子圆鼓鼓的，黑色的蹄子隐约可见，还有一条细细的尾巴；一个有众多小泉包围的大泉喷出的细沙形成的图案不断变化，一会儿像和平鸽，一会儿又像娃娃脸；还有一个高帮大头皮鞋的图案，在鞋头和鞋跟处分别有一眼大泉。鞋头处的大泉不间断地冒着，周围的红褐色细沙形成一个圆形，就像天上的太阳。鞋跟处的是一眼间歇泉，泉水时冒时歇，红褐色细沙就像喷涌出的火山岩浆一样时断时续，形成大小不一的半圆形或月牙形，仿佛是夜空中的月亮。两眼泉交相呼应，形成一幅日月同辉的图画。这里的泉水一年四季长流不断，无论旱涝，泉水的流量也不涨不消，即使在数九寒天也不会结冰，反而会冒出热气。

这些美丽的沙漠

月牙泉处于鸣沙山环抱之中，其形酷似一弯新月而得名。面积13.2亩，平均水深4.2米。水质甘冽，澄清如镜。流沙与泉水之间仅数十米。但虽遇烈风而泉不被流沙所淹没，地处戈壁而泉水不浊不涸。这种沙泉共生，泉沙共存的独特地貌，确为"天下奇观"。鸣沙山和月牙泉是大漠戈壁中一对孪生姐妹，"山以灵而故鸣，水以神而益秀"。游人无论从山顶鸟瞰，还是泉边畅游，都会骋怀神往。确有"鸣沙山怡性，月牙泉洗心"之感。

月牙泉古称沙井，又名药泉，位于甘肃省河西走廊西端的敦煌市。敦煌是古代"丝绸之路"上的重镇。在漫长的中西文化交流的历史长河中，这里曾经是名流荟萃之地。由于彼此之间的取精用宏，相互交融，创造了世界瞩目的"敦煌文化"，为人类留下了

众多的文化瑰宝。它不仅有举世闻名的文物宝库——莫高窟，还有"大漠孤烟、边墙障，古道驼铃，清泉绿洲"等多姿多彩的自然风貌和人文景观。其中鸣沙山月牙泉风景名胜区，就是敦煌诸多自然景观中的佼佼者。古往今来以"沙漠奇观"著称于世，被誉为"塞外风光之一绝"。它和鸣沙山东的莫高窟艺术景观融为一体，是敦煌城南一脉相连的"三大奇迹"，成为中国乃至世界人民向往的旅游胜地。鸣沙山位距城南五千米，因沙动成响而得名。山为流沙积成，沙分红、黄、绿、白、黑五色。汉代称沙角山，又名神沙山，晋代始称鸣沙山。其山东西绵亘40余千米，南北宽约20余千米，主峰海拔1715米，沙垄相衔，盘桓回环。沙随足落，经宿复初，此种景观实属世界所罕见。

延 伸 阅 读

　　根据数据显示，柴达木盆地沙漠化的面积正以每年2.2%的速度增长，整个盆地沙化面积已达1212.99万公顷。柴达木盆地从边缘到中心的地貌依次为高山、丘陵、戈壁、平原、沼泽、湖泊六个环形带，以干燥剥蚀山地、风积地貌、湖积和洪积地貌为主，属干旱风成的地貌组合，大部分沙漠、戈壁、风蚀残丘、盐沼和碱滩集中于此。受各种因素的影响，这个区域荒漠化日趋严重，生态环境恶化不断加剧。

鲁卜哈利沙漠

鲁卜哈利沙漠小档案

地理位置：沙特阿拉伯南部地区和大部分的阿曼、阿联酋和也门领土

面积：65万平方千米

气候：热带沙漠

鲁卜哈利沙漠，意为"空旷的四分之一"，由于其面积占据阿拉伯半岛约四分之一而得名，是世界上最大的沙漠之一，覆盖了整个沙特阿拉伯南部地区和大部分的阿曼、阿联酋和也门领土。

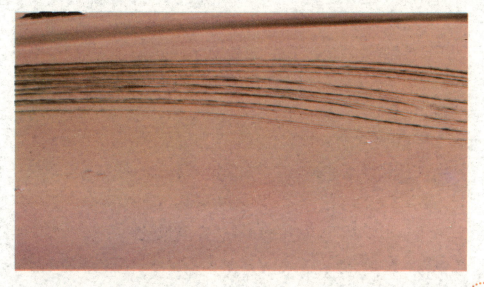

世界上最大的流动沙漠

　　鲁卜哈利沙漠它的形状大致呈东北—西南走向，长1200千米，宽约640千米，面积达65万平方千米。因富含氧化铁而多呈红色。海拔100米~500米。其中东部沙漠海拔100米~200米，多为平行排列的大沙丘，有些沙丘高300米，长20千米，近乎一座沙山。在地下水位较高处，有局部绿地。处阿拉伯半岛南部的鲁卜哈利沙漠是世界上最大的流动沙漠，其沙丘的移动主要由季风引起，并且由于风向和主流风的差异，沙漠的沙丘被分成三个类型区，即东北部新月形沙丘区、东缘和南缘星状沙丘区、整个西半部线形沙丘区。对于鲁卜哈利沙漠的成因，国内外一直缺少系统的研究。通过对现有资料的分析，可以发现气候、地形、古地理等自然因素是影响鲁卜哈利沙漠形成的主要因素，人类的影响不明显。

沙漠地区温差大，平均年温差可达30℃~50℃，日温差更大，夏天午间地面温度可达60℃以上，若在沙滩里埋一个鸡蛋，不久便烧熟了。夜间的温度又降到10℃以下。由于昼夜温差大，有利于植物贮存糖分，所以沙漠绿洲中的瓜果都特别甜。

沙漠地区风沙大、风力强。最大风力可达10级~12级。强大的风力卷起大量浮沙，形成凶猛的风沙流，不断吹蚀地面，使地貌发生急剧变化。值得人们警惕的是，有些沙漠并不是天然形成的，而是人为造成的。如美国1908年~1938年间由于滥伐森林9亿多亩，大片草原被破坏，结果使大片绿地变成了沙漠。苏联在1954年~1963年的垦荒运动中，使中亚草原遭到严重破坏，不但没有得到耕地，却带来了沙漠灾害。这些风主要从地中海吹来，再依次刮到东部、东南、南方和西南，画出一个巨大的弧。多风的季节出现在

12月~次年1月和5月~6月。此称为热尘风的时期持续30天~50天，风速平均每小时48千米。能够考验困在风中的人们的耐性的热尘风，是运载大量沙尘并改变沙丘形状的干燥的风。每一场风暴都将数百万吨的沙子携入鲁卜哈利沙漠。被吹动的沙子离地不过数尺，只有在被旋风、尘卷或区域沙暴卷起时例外。风在中央内志和鲁卜哈利沙漠的西南部依次从四面八方刮来。强劲的东南风每次一连数日扫过大沙漠，将热尘风对沙丘形成的作用逆转过来。

沙漠里居民的生活

鲁卜哈利沙漠里的居民——贝都因人过去以饲养骆驼、阿拉伯马和绵羊来适应沙漠游牧生活；但他们也种植海枣和其他作物，通常雇佣他人从事农业劳动。除了围捕马和骆驼之外，寻找水草是贝都因人的主要事务。游牧民也通过宗教仪式、长途贸易和交换诗歌以及其他文化活动与定居人口相互影响。贝都因世袭部落集团声称某些土地是他们的部落领土，畜群可以在那里吃草饮水。

在沙漠里，由于白天沙石被太阳晒得灼热，接近沙层的空气升高极快，形成下层热上层冷的温度分布，造成下部空气密度远比上层密度小的现象。这时前方景物的光线会由密度大的空气向密度小的空气折射，从而形成下现蜃景。远远望去，宛如水中倒影。在沙漠中长途跋涉的人，酷热干渴，看到下现蜃景，常会误认为已经到达清凉湖畔，但是，一阵风沙卷过，仍是一望无际的沙漠，这种景象原来只是一场幻景。 沙漠有一种"碎石圈"很奇妙。是一块大石头经过数百年热胀冷缩一次次碎裂后，在地上形成了一片圆形的碎石圈，非常像人为排列的作品，实际上是自然形成的。

由于国际边界已在沙漠中画定，各国政府日益限制部落移

动。沙乌地当局鼓励贝都因人在绿洲定居下来，而在1925年之后，沙乌地统治者阿布杜勒－阿齐兹(Abd al-Aziz)阻止部落间的侵袭。部落忠诚在政治上的重要性已经下降，但在诸如婚姻一类领域却依然有意义。现代化带来许多变化，对于已经定居的贝都因人尤其如此。许多人迁入城市地区，纯游牧民族的数量只占沙漠全部人口的一小部分；其他先前的游牧民在村庄或其附近定居，从而能够自由抉择过部分时间的游牧生活。

随着在1936年发现石油，西方文化的影响加速并导致诸如飞机、电话和电视一类现代生活便利设备的引进。卡车对于贝都因人特别重要，他们将卡车用在多种用途，包括将绵羊运往市场，将饲料和水运到放牧这些养来以供肉食的牲畜所在之地，将少量牲畜从一个牧区运到另一个牧区，以及用于城乡之间的旅行工具。

延 伸 阅 读

沙漠中的沙眼镜蛇是海蛇的亲戚，它纤细，呈沙色，有毒。夜间活动的蝰蛇在沙和岩石之中很多。兰氏盾蟒也是属于沙漠蛇，一般栖息于气候干燥炎热的沙漠、半沙漠地区，属于地栖性蟒类，夜行性，白天躲在地洞里或灌木丛中避暑，黄昏时分外出觅食。

利比亚沙漠

利比亚沙漠小档案

地理位置：非洲北部

面积：169万平方千米

气候：气候炎热干燥

利比亚位于非洲北部，面积169万平方千米，全境95%以上地区为沙漠和半沙漠。

撒哈拉沙漠的一部分

利比亚沙漠位于撒哈拉沙漠的东北部。包括埃及中、西部和利比亚东部。利比亚沙漠为自南向北倾斜的高原，南部海拔350米~500米，中、北部海拔100米~250米，西南部地势最高，海拔达1800米。利比亚全境95%以上地区为沙漠半沙漠，沿海和东北部内陆区是海拔200米以下的平原，其他地区基本上为沙砾覆盖，为向北倾斜的高原和内陆盆地。高原上分布着海拔500米~1500米的山脉。沙漠和半沙漠占全国面积90%。内陆区属热带沙漠气候。年平均降水量从北往南由500毫米至600毫米递减到30毫米以下，常有来自南面撒哈拉沙漠的干热风为害。中部的塞卜哈是世界上最干燥的地区之一。

从利比亚东部起，穿过埃及西南部延伸至苏丹西北端。沙漠中有多岩石高原和岩石或沙质平原，气候干燥，不适宜居住。最

高点为三国交界处的欧韦纳特山1934米。埃及的盖塔拉洼地在海平面以下133米。居民不多，集中在埃及锡瓦、拜哈里耶、费拉菲拉、达赫拉、哈里杰等绿洲和利比亚库夫拉绿洲。利比亚沙漠形成的原因主要有：北非位于北回归线两侧，常年受副热带高气压带控制，盛行干热的下沉气流，且非洲大陆南窄北宽，受副热带高压带控制的范围大，干热面积广；北非与亚洲大陆紧邻，东北信风从东部陆地吹来，不易形成降水，使北非更加干燥；北非海岸线平直，东侧有埃塞俄比亚高原，对湿润气流起阻挡作用，使广大内陆地区受不到海洋的影响；北非西岸有加那利寒流经过，对西部沿海地区起到降温减湿作用，使沙漠逼近西海岸；北非地形单一，地势平坦，起伏不大，气候单一，形成大面积的沙漠地区。

利比亚沙漠主要由结晶岩组成，局部地区有第三纪岩层。大

部被沙砾覆盖，西部以石漠为主，东部以流沙为主。由于风力作用，流沙每年平均向西南移动15米。多低洼盆地。气候干燥，夏季气温可高达50℃以上；降水量稀少，地表水贫乏。地下水分布广，埋藏深，出露处形成许多绿洲，有名的有贾卢绿洲、达赫莱绿洲、费拉菲拉绿洲、锡瓦绿洲、库夫拉绿洲等。盛产石油，库夫拉绿洲是利比亚东南部的绿洲群。地处古代的商路上，长48千米，宽约20千米。人口2.5万（1984）。历来盛产椰枣、大麦、葡萄、油橄榄。有橄榄油、地毯、皮革加工、银器制作等手工业。六十年代后成为全国重点农业发展地区之一，引用地下水，扩大灌溉面积，主要种植饲料作物，增加牲畜饲养。最大居民点焦夫是农产品和手工业品集散地，公路通班加西，有航空站。连同周围地区是全国地下水资源最丰富处，正实施"人工河"水利工程计划。

利比亚沙漠的气候炎热干燥，干旱地貌类型多种多样。由石漠（岩漠）、砾漠和沙漠组成。石漠多分布在撒哈拉中部和东部地势较高的地区，尼罗河以东的努比亚沙漠主要也是石漠。

砾漠多见于石漠与沙漠之间，主要分布在利比亚沙漠的石质地区、阿特拉斯山、库西山等山前冲积扇地带。沙漠的面积最为广阔，除少数较高的山地、高原外，到处都有大面积分布。著名的有利比亚沙漠、赖卜亚奈沙漠、奥巴里沙漠、阿尔及利亚的东部大沙漠和西部大沙漠、舍什沙漠、朱夫沙漠、阿瓦纳沙漠、比尔马沙漠等。面积较大的称为"沙海"，沙海由复杂而有规则的大小沙丘排列而成，形态复杂多样，有高大的固定沙丘，有较低的流动沙丘，还有大面积的固定、半固定沙丘。

固定沙丘主要分布在偏南靠近草原地带和大西洋沿岸地带。从利比亚往西直到阿尔及利亚的西部是流沙区。流动沙丘顺风向前不断移动。在沙漠曾观测到流动沙丘一年移动9米的记录。

从空中看，阿拉伯沙漠像是一片广漠的淡沙色地带，偶有一列朦胧的悬崖或山脉、黑色的岩浆流或延伸到天际的微红沙丘体系。驼径在饮水点之间的地面上交叉。植被初看似乎并不存在，但却可看到地表的一层细微的茸毛，或力求生存的片片绿色灌木。几乎总有和风吹拂，而随季节的变化变成暴风。无论是寒冷还是炎热，这些气流或使沙体冷却，或将其烤得滚烫。日月在晴空中是明朗的，不过沙尘和湿气却降低能见度。

利比亚沙漠中的生活

居住在沙漠里的人自有诱人之处。他们比尼罗河畔的埃及人更保守，更粗犷。贝都因人与大自然和睦相处，尽力保留着自己的传统。他们讲阿拉伯-柏柏尔方言，有时和开罗的语言有很大的差别。但今天，所有的人都已会讲官方语言阿拉伯语。中央政权正努力使游牧民定居，增加国家的有效面积。鉴于埃及的人口压力，这是可以理解

的。但在这一过程中，沙漠中居民的文化属性正面临消失的危险。

在阿拉伯沙漠中诞生的宗教伊斯兰教以原始的形式在这里出现，是彻头彻尾的一神教，纯洁到了极至。几块面向麦加的石头，少许水，就可以够一个人在祈祷前行"净身"礼。这里的人离开罗清真寺的柔软地毯和彩色大理石相去甚远，但静默是深沉的，笃信的热诚也是感人的。

这里的风光和明信片上所让人联想起的风光毫无共同之处。在明信片上，沙漠往往被表现成一大片广阔的单一形式的大地。实际上沙漠远非那么单一，以至向导能指出沙漠中最富有戏剧性的外表：金色的沙丘的移动，大风过后地形的幻化，还有泉水。在那一点点神奇的水源周围环绕着微弱的生命的标记。

延 伸 阅 读

绿洲是沙海中的岛屿。在穿越沙漠时可以在那里歇脚或住上较长一些时间。利比亚沙漠中的主要绿洲有锡瓦绿洲，拜哈里耶绿洲，法拉弗拉绿洲，达赫莱绿洲和埃勒-哈里杰绿洲。它们之间有一条在埃及地图上呈z形的小道相连。

撒哈拉沙漠

撒哈拉沙漠小档案

地理位置：非洲北部

面积：860万平方千米

气候：炎热干燥

撒哈拉沙漠，位于非洲北部，是世界上最大的沙漠，几乎占整个非洲大陆的三分之一。撒哈拉沙漠非常干燥，但是它的大部分地区每年都会定期下雨，只不过降雨量只有十几毫米罢了。

世界上最大的沙漠

撒哈拉沙漠约形成于二百五十万年前，乃世界第二大荒漠，仅次于南极洲，是世界最大的沙质荒漠，其总面积约9065000平方千米，容得下整个美国本土。它位于非洲北部，气候条件非常恶劣，是地球上最不适合生物生存的地方之一。"撒哈拉"是阿拉伯语的音译，源自当地游牧民族图阿雷格人的语言，原意即为"沙漠"。

撒哈拉大沙漠，隔红海与另一片巨大的阿拉伯沙漠相邻，它们加起来比中国的面积还要大。撒哈拉大沙漠正好处于回归荒漠带上，是最典型的沙漠气候，环境极端严酷，在中心地带甚至可以全年无雨。不仅干旱，夏季还非常炎热，是地球的"热极"，地表的高温可以在几分钟内将鸡蛋煮熟。撒哈拉大沙漠向南沿红海沿岸到达有"非洲之角"之称的索马里境内，形成了世界上为数不多的靠近赤道的干旱地区。

撒哈拉沙漠植被整体来说是稀少的，高地、绿洲洼地和干河

床四周散布有成片的青草、灌木和树。在含盐洼地发现有盐土植物（耐盐植物）。在缺水的平原和撒哈拉沙漠的高原有某些耐热耐旱的青草、草本植物、小灌木和树。高地残遗木本

植物中重要的有油橄榄、柏和玛树。北部的残遗热带动物群有热带鲇和丽鱼类，均发现于阿尔及利亚的比斯克拉和撒哈拉沙漠中的孤立绿洲；眼镜蛇和小鳄鱼可能仍生存在遥远的提贝斯提山脉的河流盆地中。哺乳动物种类有沙鼠、跳鼠、开普野兔和荒漠刺猬；柏柏里绵羊和镰刀形角大羚羊、多加斯羚羊、达马鹿和努比亚野驴；安努比斯狒狒、斑鬣狗、一般的胡狼和沙狐；利比亚白颈鼬和细长的獴。撒哈拉沙漠鸟类超过300种，包括不迁徙鸟和候鸟。沿海地带和内地水道吸引了许多种类的水禽和滨鸟。内地的鸟类有鸵鸟、各种攫禽、鹭鹰、珠鸡和努比亚鸨、沙漠雕鸮、仓鸮、沙云雀和灰岩燕以及棕色颈和扇尾的渡鸦。蛙、蟾蜍和鳄生活在撒哈拉沙漠的湖池中。蜥蜴、壁虎、石龙子类动物以及眼镜蛇出没在岩石和沙坑之中。撒哈拉沙漠的湖、池中有藻类、咸水虾和其他甲壳动物。生活在沙漠中的蜗牛是鸟类和动物的重要食物来源。沙漠蜗牛通过夏眠之后存活下来，在由降雨唤醒它们之前它们会几年保持不活动。

沙丘在移动

撒哈拉沙漠覆盖了毛里塔尼亚、西撒哈拉、阿尔及利亚、利比亚、埃及、苏丹、乍得、尼日尔和马里等国领土，紧挨摩洛哥和突尼斯。几乎占满非洲北部全部，位于阿特拉斯山脉和地中海以南，东西约长4800千米，南北在1300千米~1900千米之间，大约有400万人口生活在这里。西起大西洋海岸，北临阿特拉斯山脉和地中海，南为萨赫勒一个半沙漠半草原的过渡区，东到红海。横贯非洲大陆北部，约占非洲总面积32%。

撒哈拉沙漠干旱地貌类型多种多样。由石漠（岩漠）、砾漠和沙漠组成。石漠多分布在撒哈拉中部和东部地势较高的地区，主要有大片砂岩、灰岩、白垩和玄武岩构成，或岩石裸露或仅为一薄层岩石碎屑。如廷埃尔特石漠、哈姆拉石漠、莎菲亚石漠等，尼罗河以东的努比亚沙漠主要也是石漠。砾漠多见于石漠与沙漠之间，主要分布在利比亚沙漠的石质地区、阿特拉斯山、库

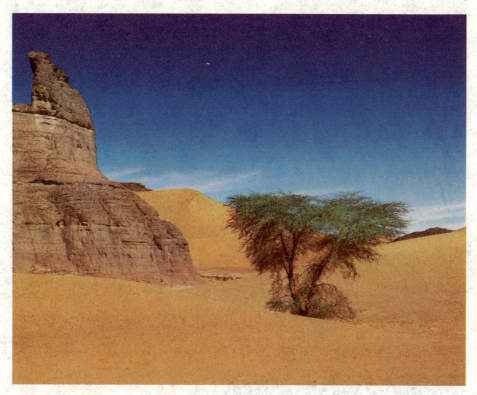

西山等山前冲积扇地带，如提贝斯提砾漠、卡兰舒砾漠、盖图塞砾漠等。沙漠的面积最为广阔，除少数较高的山地、高原外，到处都有大面积分布。

　　著名的有利比亚沙漠、赖卜亚奈沙漠、奥巴里沙漠、阿尔及利亚的东部大沙漠和西部大沙漠、舍什沙漠、朱夫沙漠、阿瓦纳沙漠、比尔马沙漠等。面积较大的称为"沙海"，沙海由复杂而有规则的大小沙丘排列而成，形态复杂多样，有高大的固定沙丘，有较低的流动沙丘，还有大面积的固定、半固定沙丘。固定沙丘主要分布在偏南靠近草原地带和大西洋沿岸地带。从利比亚往西直到阿尔及利亚的西部是流沙区。流动沙丘顺风向后不断移动。在撒哈拉沙漠曾观测到流动沙丘一年移动9米的记录。

撒哈拉沙漠之谜

撒哈拉沙漠地区地广人稀，平均每平方千米不足1人。以阿拉伯人为主，其次是柏柏尔人等。居民和农业生产主要分布在尼罗河谷地和绿洲，部分以游牧为主。20世纪50年代以来，沙漠中陆续发现丰富的石油、天然气、铀、铁、锰、磷酸盐等矿。随着矿产资源的大规模开采，改变了该地区一些国家的经济面貌，如利比亚、阿尔及利亚已成为世界主要石油生产国，尼日尔成为著名产铀国。沙漠中也出现了公路网、航空线和新的居民点。虽然如此，但撒哈拉沙漠依然是风沙盛行，沙暴频繁，尤其在春季，是沙暴的高发季节。这里存在着300多种沙生动物，还有许多鸟类，常见的爬行动物是蜥蜴和蝎子。撒哈拉沙漠的骆驼全是单峰驼，不需要精饲料，却耐热耐寒，忍饥耐渴。只需消耗很少的草

和水，就能在沙漠里负载200千克货物走几个星期。

去过撒哈拉沙漠的人第一印象就是当放眼望去时，只见一座座金黄色的沙丘连绵起伏，有的沙丘很大，像高大的金字塔。在大大小小的沙丘左右有很多棕褐色的岩石，有的像人的大拇指，有的像一头蹲着的骆驼……其实，撒哈拉沙漠并非是一块不毛之地，这里不仅生长

着生命力顽强的植物，如梭梭树和沙漠灌木，还活跃着许多可爱的小动物，如昆虫、蜥蜴、小鸟和啮齿动物，它们在沙子上留下各种各样的足迹，使这个"沙土世界"并不寂寞。

"撒哈拉"在阿拉伯语里是"空虚无物"的意思，被称为"生命的坟墓"，但这里贮藏着丰富的石油、天然气、铁、铀、锰等，许多国家都在注视这块荒凉的宝地。据考古学家发现，很早以前的撒哈拉是一片生机盎然的土地。他们在沙里发现过许多洞穴，洞穴岩壁留下的壁画上，绘有成群的长颈鹿、羚羊、水牛和大象，还有人类在河流里荡舟，猎人执矛追杀狮子的场面，壁画中的塞法大神则是当地民众的"丰收神"，象征着六畜兴旺的太平景象。

1981年11月，飞越撒哈拉的美国航天飞机利用遥感技术，发现了茫茫黄沙下埋藏着的古代山谷与河床。地质工作者通过实地考察，证实沙漠下面的土壤良好，并且发现了古人的劳动工具和生活用品。这些古人的生活年代早应该在20万年前，至晚也应该是在1万年前。同时在撒哈拉漫漫黄沙下几百米至几千米处，人们还发现藏有30万立方千米地下水。这些水从何而来？撒哈拉不是海洋演化生成，为什么却发现了盐矿？撒哈拉最初的漫天黄沙又来自何方？又是什么原因使当年绿洲变成了"穷荒绝漠鸟不飞"的千里沙海呢？

　　科学家对这个问题形成了两种对立观点。前者认为，远古时代撒哈拉诸部落为了扩大自己的政治与经济实力，无节制地烧木伐林，放养超过草原承载能力的牲畜，若干世纪下来，森林锐减，草原干旷，土地沙化，最后演变成为大沙漠。后者认为，是地质历史大周期的转折改变了撒哈拉的古气候环境，年均降水量由300毫米左右突然降至仅50毫米，先是局部地区的沙漠化，然后节奏逐渐加快，沙漠不断蚕食周边的绿洲，最终将非洲的三分之一土地都吞没了。撒哈拉沙漠的形成原因神秘多彩，还有待科学家们的进一步考察。

延　伸　阅　读

　　贸易风沙漠是指从副热带高压散发出来向赤道低压区辐合的风，来自陆地的贸易风越吹越热。很干的贸易风吹散云层，使更多太阳光晒热大地。世界上最大的沙漠撒哈拉大沙漠主要形成原因就是干热的贸易风的作用，白天气温可以达到57℃。

巴塔哥尼亚沙漠

巴塔哥尼亚沙漠小档案

地理位置：南美洲南部的阿根廷，安第斯山脉的东侧

面积：67万平方千米

气候：热带沙漠气候

巴塔哥尼亚沙漠自西向东作阶梯状倾斜，东部以陡峭的悬崖直逼大西洋，受古代冰川及现代干旱气候的影响，地表多冰蚀谷、冰碛丘、冰缘湖积冰水沉积及多种风蚀、风积地貌。

"巨足"——巴塔哥尼亚

巴塔哥尼亚地区几乎包括阿根廷本土南部的所有土地，面积约673000平方千米，由广阔的草原和沙漠组成。其边界大约西抵巴塔哥尼亚安第斯山脉，北滨科罗拉多河，东临大西洋，南濒麦哲伦海峡。海峡南面的火地岛分别隶属于阿根廷和智利，通常也划入巴塔哥尼亚的范围内。1519年，随麦哲伦环球旅行到达今天里瓦达维亚海军准将城附近的意大利学者安东尼奥·皮加费塔，看到当地土著居民——巴塔哥恩族人脚着胖大笨重的兽皮鞋子，在海滩上留下巨大的脚印，便把这里命名为巴塔哥尼亚。出身于葡萄牙骑士家庭的麦哲伦，以骑士名字Patagon为其命名，而Patagon作为西班牙语的含义是指脚长得大的人。南北长2000千米的巴塔哥尼亚，就是美洲的大脚，延伸在南美洲的最南端。

它位于科罗拉多河与美洲大陆南端的合恩角之间，面积达90万平方千米。其南方接壤南极洲的冷漠冰层，北方则是草高马肥牛仔奔飞的帕潘斯草原。巴塔哥尼亚藏在其间，藏着它浩瀚的忧郁。世界上最长的山脉，安第斯山脉在这里造出古怪的形状，塔峰群立，如图腾崇拜如竹笋遍立。巴塔哥尼亚高原上的安第斯山脉南北纵行,山的西面是智利,山的东面是阿根廷。这里最著名的山峰莫过于菲茨罗伊峰和塞罗托雷峰。在这里发生的攀登运动,以岩冰混合攀登型为主。菲茨罗伊峰,在巴塔哥尼亚大冰原的东部山岭中,是一系列垂直岩石山峰中的一个高峰。几个紧凑的山峰组合,突兀矗立在冰川的沿线,而菲茨罗伊系列峰,显得尤为醒目壮观。它浑然的岩石塔型山体,是如此令人难以置信的陡峭,对于攀登者来讲,这是世界上最漂亮的岩石大墙。菲茨罗伊峰,巴塔哥尼亚的特维尔切人非常崇敬地称之为"吞云吐雾的山",因为它的峰顶经常笼罩一团烟雾,所以在1970年法国人登顶之前,人们都误以为它是一个火山。高原上的特维尔切人,夏季从大西洋岸游牧迁徙到安第斯山,就是以菲兹瑞的突出山形和云烟为路标的。"菲兹瑞"是以19世纪英国的"猎犬号"船长命名的,这名著名探险家曾在这里调查过相当一段时间。正是他第二次出行时,"带来了"达尔文,成就了人类博物学上的一代伟人。

风土高原——巴塔哥尼亚

巴塔哥尼亚气候

条件恶劣，素有"风土高原"之称。受大陆面积狭窄、居安第斯山背风位置及沿海福克兰寒流等的综合影响，荒漠直抵东海岸，但大陆性特征不很强烈，冬夏没有极端的低温和高温，7月均温0℃~4℃，1月均温为12℃~20℃。降水稀少，全区年均降水量不超过300毫米，并呈自西向东递减趋势。风力强盛，常吹时速超过110千米的狂风，尘暴不断。巴塔哥尼亚水文状况独特，虽然荒漠广阔但内流区域狭小，内流区仅局限于内格罗河与丘布特河之间狭小地区。其余地区河流因承受山地冰雪融水或冰蚀湖供给而成为过境外流河。但毕竟受干旱气候制约，众多河流中仅有科罗拉多河、内格罗河、丘布特河河水充沛可航运、灌溉、发电，成为巴塔哥尼亚发展农、牧、林各业的河谷平原基地。整个南美洲湖泊贫乏，但巴塔哥尼亚地区安第斯山脉东麓东侧，冰蚀湖、冰碛湖广布，大大小小共有300多个，构成南美唯一的重要湖群。

巴塔哥尼亚高原北起科罗拉多河，南到火地岛，西接安第斯山，东临大西洋。面积786938平方千米，占全国领土的28%，包

括内乌肯、里奥内格罗、丘布特、圣克鲁斯4省和火地岛区，是个自然地理环境比较独特的地方。巴塔哥尼亚西接安第斯山脉，雪峰与火山映照，冰川同密林交错，辟有大量的国家公园和自然保护区。位于圣克鲁斯省西南部冰川国家公园内的佩里托·莫雷诺大冰川，高达3600米，绵延200千米，冰层不停地移动断裂，加上呼啸盘旋的山风，公园里充斥着雷鸣般的巨响。内乌肯省西北部拉宁国家公园里有21

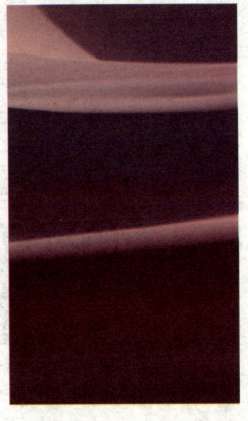

个大大小小的湖泊和一座海拔3774米的拉宁死火山。这里还保存着远古原始森林，树高干粗，枝繁叶茂，苍劲挺拔。巴塔哥尼亚地区，还分布着内乌肯省布兰卡沼泽自然保护区、圣克鲁斯省佩雷托·莫雷诺国家公园、火地岛国家公园保留地、丘布特省瓦尔德斯半岛国家海洋公园等壮美的自然景观及保护区内的骆马、兀鹰、美洲豹、海狮、海象、企鹅等珍贵动物。

在巴塔哥尼亚两岸的河谷深而宽，从西到东切入台地。这些河谷都是过去从安第斯山流向大西洋的河流的河床，现在只剩下少数发源于安第斯山的河流尚有常年流水（如科罗拉多河、内格罗河、丘布特河、森格尔河、奇科河及圣克鲁斯河等）。多数河谷或者有

间歇流水——如发源于安第斯山的科奇河和加列戈斯河，或者为整个或部分河段已完全干涸的干河，如德塞阿多河，由于受风沙的影响，现已面目全非，从表面一点也看不出昔日曾经有河水流过。还有佩尔迪多河等沙漠，流入浅盐滩和盐塘而中止。峡底很深，大都为冲积粗砂和砾石，具有弥补地表水不足的地下水库的作用。

丰富的天然物资

巴塔哥尼亚西部边缘狭窄的长条地区有着与临近的科迪勒拉山类似的植被，主要为落叶和针叶林。广阔的高原地区分为南、北两区，各有其特征明显的植被。北部较大的干草原向南延伸至南纬46°附近。在其北部有耐旱的灌木林植被，往南逐渐转变为开阔的灌丛，这些灌木可高至1米~3米。在沙质地区，草长得很茂盛，而在盐碱平地上的耐盐的草和灌木占了主要地位。南纬46°以南地区更为干旱，其植被低矮，明显稀疏，几乎不需要水。

　　巴塔哥尼亚特殊的构造基础和复杂的地质条件造就了巴塔哥尼亚良好的资源环境和丰富的矿藏条件。巴塔哥尼亚是阿根廷最具美好开发前景的地区。巴塔哥尼亚地区石油储量大、分布广。近年来又在沿海大陆架找到更多更丰富的石油、天然气资源。目前，以里瓦达维亚为中心的巴塔哥尼亚地区已成为阿根廷最大的石油基地，产量占全国石油总产量的60%以上。巴塔哥尼亚南端的里奥图尔比奥是阿根廷最大的煤矿区，阿根廷全国工业用煤几乎全由这个煤矿供应。此外，巴塔哥尼亚地区的火地岛、圣胡安及高原山脉区还蕴藏着丰富的泥煤。巴塔哥尼亚中部地区有丰富的铀矿，现已发现并已建成丘布特省的洛斯阿尔多贝斯铀矿等三座铀矿。丘布特省还蕴藏着丰富的铝土，里奥内格罗省的谢拉格

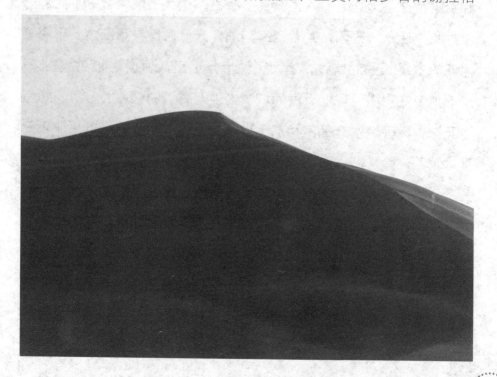

朗德则有一座大铁矿。此外，巴塔哥尼亚地区还有钼、铜、锌、铅、石灰、耐火黏土和陶土等矿产。

巴塔哥尼亚地区拥有比较发达的畜牧业和水果蔬菜生产，基础工业也从无到有、初具规模。它正在成为阿根廷重要的经济增长点。巴塔哥尼亚地区的西部安第斯山脉南麓东部台地，夏雨较多，牧草丰富，是阿根廷最大的养羊区，主要饲养毛肉两用羊和毛用美利奴羊，养羊数量和羊毛产量占全国的50%左右。瓦尔德斯半岛和卡马罗内斯地区所产羊毛质地优良，在国际市场上享有盛名。

近年来，在科罗拉多河和内格罗河峡谷引水灌溉，种植苜蓿，养牛试验获得成功，剪毛业、肉类冷藏加工业亦随之发展。内乌肯和里奥内格罗峡谷地带，光照充足，灌溉便利，是阿根廷的水果和蔬菜生产基地之一。水果有葡萄、桃、李、杏、樱桃等，大部分水果加工后出口巴西，葡萄用来酿酒，产量居世界第三位。巴塔哥尼亚有着漫长的海岸线，渔业资源十分丰富，阿根廷40%的渔业资源都集中在巴塔哥尼亚近海海域，这里有名贵的鳕鱼、鲑鱼、鳟鱼以及抹香鲸等，水产捕捞和加工也有一定的发展。巴塔哥尼亚工业基础较差，除矿产、石油、天然气和石油化工外，仅有一些肉类冷藏、食品加工等工业。但这里是人类学家、博物学家向往和进行科学考察的地区，现在已成为南极洲考察的基地和核能研究的中心之一。巴塔哥尼亚的原始居民主要为特维尔切印第安人，据认为来自火地岛。从麦哲伦海峡沿岸的山洞中发现的多数古代人工制品（如鱼叉）表明，他们是在5100年前左右移居大陆沿海的。强壮高大的特维尔切人分为南、北两个族群，分别说各自的方言。西班牙探险者发现特维尔切人以游猎栗色羊驼和鸹为生，其后裔现在已经很少，且几乎全部为西班牙文化所同化。

巴塔哥尼亚鸟类中有鹭和其他涉禽，肉食鸟类有盾雕、雀鹰和食虫卡拉卡拉鹰，还有几近灭绝的鸹。该地典型的有袋目动物是负鼠，有各种蝙蝠还有犰狳、南美犰狳、狐狸、雪貂、北美臭鼬、短尾猫和美洲狮，以及巴塔哥尼亚豚鼠和各种各样引入的啮齿动物，如兔鼠和栉鼠。

大盐漠——卡维尔沙漠

在阿根廷西北部的珠珠伊省，还有一个盐漠，它就是阿根廷全境最大的大盐漠，这片8288平方千米的广袤区域不仅是一处地质奇观，也是吸引众多观光者驻足流连的旅游景点，更是一些生物学家和自然研究学者的天堂。卡维尔沙漠为世界第三大盐漠，这里可能是世界上生活环境最恶劣的地区之一。据考古学家证实，在远古时期，这片土地被海洋所包围和环绕，之后经过几百万年的地壳变迁，才逐渐形成陆地，但是因为是在内陆，又有安第斯山脉的影响，降水和气候的变化又使这片区域在接下来很长的一段时间内逐渐风化、脱水，直到今天我们看到的样子——氯化钠的晶体占据了这片庞大的区域。

氯化钠晶体覆盖在大片的土壤上，让大地呈现一种诡谲的泛着薄绿光彩的苍白色。很少物种可以在此处安营扎寨，无论是动物还是植物，它们大部分不能在盐度如此高的地区生存，当然也包括人类。不过造物主也是神奇的，有一些奇特的耐盐植物，比如一种高原生长的藜科植物，就能在这里繁衍生息。这类植物天生喜欢盐多的环境，在其他适宜大部分植物生长的环境中，藜科植物反而萎靡不振。

延 伸 阅 读

滨藜是卡维尔沙漠常见的一种绿色植物，当人们见到这类植物时，可能会误以为此处有很多以此为食的动物生存。其实不然，几乎没有哺乳动物能受得了这类植物中蕴含的大量盐分，只有一些对环境适应力非常强的啮齿类动物经过长时间的物竞天择，可以克服这里极端的环境而依靠这些藜科植物存活到今天。

澳大利亚沙漠

澳大利亚小档案

地理位置：澳大利亚的西南部

面积：155万平方千米

气候：雨水稀少，干旱异常

澳大利亚沙漠是澳大利亚最大的沙漠，是世界第四大沙漠，由大沙沙漠、维多利亚沙漠、吉布森沙漠、辛普森沙漠四部分组成。

神奇的沙漠花园

澳大利亚沙漠的雨水稀少，干旱异常。夏季的最高温度可达50摄氏度。因为没有高大树木的阻挡，狂风终日从这片沙漠上空呼啸而过。风是这里唯一的声音。为什么澳大利亚沙漠异常干旱呢？要知道，澳大利亚是世界上唯一占有一个大陆的国家，虽然它四面环海，但气候却依然非常干燥。类似荒漠和半荒漠的面积达到了340万平方千米，约占总面积的44%，成为各大洲中干旱面积比例最大的一洲。这里的主要原因就是因为南回归线横贯大陆中部，大部分地区终年受到副热带高气压控制，因气流下沉不易降水。

澳大利亚大陆轮廓比较完整，没有大的海湾深入内陆，而且大陆又是东西宽、南北窄，扩大了回归高压带控制的面积。西部印度洋沿岸盛吹离陆风，沿岸又有西澳大利亚寒流经过，有降温减湿作用。所以使澳大利亚沙漠面积特别广大，而且直达西海岸。

任何人刚到这里来都会以为这是一片死亡之地,但在1973年,澳大利亚一个叫夫兰纳里的植物学家在骑摩托车旅行时发现,这片沙漠中竟有大约3600多种植物繁荣共生。如果按单位面积计算,物种多样性要远远超过南美洲的热带雨林。因此,发现者称这里为沙漠花园。生长在这里的植物对水和养料的需求少得可怜,几乎是别处植物的十分之一。同时,这里所有植物的叶子都不是绿色的,而是带着各种鲜艳的颜色。更奇特的是,这些花朵都能分泌超乎想像的大量花蜜。后来,兰纳里对这些植物进行了30年深入研究,才发现其中的奥秘:这里的土壤成分主要是没有养分的石英,只有对水分和营养需求极少的植物,才能生存;昆虫和鸟类在这里非常稀少,几乎没有潜在的授粉者。植物的生存繁衍主要靠传播花粉。在这种条件下,植物必须开出最大最艳丽的花朵,分泌最多的花蜜,才能吸引极少潜在的授粉者的注意。

神秘的巨石

艾尔斯岩是领略北领地之神秘的首选地，这个地区的得名源于一块叫做"艾尔斯"的石头。这块石头是目前世界上最大的整块不可分割的巨石。由于被土著人赋予了图腾的含义，被当地人誉为象征澳大利亚的心脏。更有人称为"人类地球上的肚脐"，号称"世界七大奇景"之一。如今这里已辟为国家公园，每年有数十万人从世界各地纷纷慕名前来观赏巨石风采。艾尔斯巨石又称艾尔斯岩石，据说距今已有5亿年历史。周长约9千米，海拔867米，距地面的高度为348米，长3000米。岩石色泽赭红，光溜溜的表面在太阳下闪着光芒，孤零零地奇迹般地凸起在那荒凉无垠的平坦荒漠之中，岩面上镌刻着无数平行的直线纹路，形状像两端略圆的长面包。对这块世界上独一无二的巨大岩石，至今科学家仍破解不出其确凿的出处来源，有的说是数亿年前从太空上坠落下来的流星石，其三分之二沉入了地下，三分之一浮在了地面。有的则说是一亿两千万年前与澳洲大陆一起浮出水面的深海沉积物，恐怕这个难题将成为千古之谜。

由于地壳运动，巨石所在的阿玛迪斯盆地向上推挤形成大片岩石，而大约到了3年前，又一次神奇的地壳运动将这座巨大的石山推出了海面。

经过亿万年来的风雨沧桑，大片砂岩已被风化为沙砾，只有这块巨石凭着它特有的硬度抵抗住了风剥雨蚀，且整体没有裂缝和断隙，成为地貌学上所说的"蚀余石"。但长期的风化侵蚀，使其顶部圆滑光亮，并在四周陡崖上形成了一些自上而下的宽窄不一的沟槽和浅坑。因此，每当暴雨倾盆，在巨石的各个侧面上飞瀑倾泻，蔚为壮观。

这块巨石最神奇的地方就是会变色。它会随着早晚和天气的改变而换穿各种颜色的新衣。当太阳从沙漠的边际冉冉升起时，巨石披上浅红色的盛装，鲜艳夺目、壮丽无比；到中午，则穿上橙色的外衣；当夕阳西下时，巨石则姹紫嫣红，在蔚蓝的天空下犹如熊熊的火焰在燃烧；至夜幕降临时，它又匆匆"换"上黄褐色的"晚礼服"，风姿绰约地回归大地母亲的怀抱，据说下雨的时候，它又会变成黑色。关于艾尔斯石变色的缘由众说纷纭，而地质学家认为，与它的成分有关。艾尔斯石实际上是岩性坚硬、结构致密的石英砂岩，岩石表面的氧化物在一天阳光的不同角度照射下，就会不断地改变颜色。因此，艾尔斯石被称为"五彩独石山"而平添了无限的神奇。雨中的艾尔斯石气象万千，飞沙走石、暴雨狂飙的景象甚为壮观。待到风过雨停，石上又瀑布奔流、水汽迷蒙，又好似一位披着银色面纱的少女；向阳一面的几道若隐若现的彩虹，有如头上的光环，显得温柔多姿。雨水在岩隙里形成了许多水坑，而流到地上的雨水，浇灌周围的蓝灰檀香木、红桉树、金合欢丛以及沙漠橡树、沙丘草等植物，使艾尔斯石显现勃勃生机。

延 伸 阅 读

土著人称这座石山为"乌卢鲁"，意思是"见面集会的地方"。西方人称之为"艾尔斯石"，它的得名可追溯到1873年，一位名叫克里斯蒂·高斯的欧洲地质测量员到此勘探，意外地发现了这一世界奇迹，由于他来自南澳洲，故以当时南澳洲总理亨利·艾尔斯的名字命名这座石山。

叙利亚沙漠

叙利亚沙漠小档案

地理位置：分布于沙特阿拉伯北部、伊拉克西部、叙利亚南部与约旦东部。

面积：32.4万平方千米

气候：干旱荒漠

叙利亚沙漠，这块位于西亚的沙漠，分布于沙特阿拉伯北部、伊拉克西部、叙利亚南部与约旦东部。

叙利亚沙漠的特征

叙利亚沙漠年降水量不到125毫米，大部分覆有熔岩，不宜放牧，亦难通行。只在其南部哈马德地区有少量牧民。古代为西亚交通上的重大障碍，近代有油管与公路穿过。亚洲西南部的干旱荒漠，由阿拉伯半岛向北延伸，遍及沙乌地阿拉伯北部、约旦东部、叙利亚南部及伊拉克西部大片土地。大部被熔岩流覆盖。年雨量不到416.7厘米。在近代之前一直是黎凡特和美索不达米亚两人口居住区之间难以穿越的障碍，现有数条公路和输油管贯穿。

沙漠中的骆驼兵，是一个很特别的风景线。这是干旱、半干旱地带的重要坐骑，在这些地区作战时也出现过骆驼兵。中世纪

的中东、阿拉伯国家更是骆驼兵盛行。骆驼兵对付骑马的骑兵有明显的优势。这些军驼长年累月和边防战士一道，巡逻在边防线上，警惕地守卫着边疆。现在，边防站虽然几乎都装备了汽车，但当汽车缺少汽油或需要修理时，随时都有巡逻任务落在这些军驼身上。如果在沙漠戈壁地区作战，油料、水等后勤保障困难，车辆还不可能完全取代骆驼，军驼还将会发挥它的优势，它们可以长期战斗在使人望而生畏的戈壁沙漠。

沙漠女王——帕尔米拉

帕尔米拉是希腊语"椰枣"的意思。据称至今在帕尔米拉还有大片的椰枣林。我们站在"城堡山"山上依稀可见远处有些绿色植被，但是比起突尼斯的椰枣林这里只能算是"几棵树"而已。当年的沙漠绿洲之城可能已随着"空中花园"不知去向了。

有人说帕尔米拉最鼎盛的时期有一位美貌惊人的女王，女人最漂亮的时候应当是她当新娘的时候。人们因此而给与此地这么优美的称誉——帕尔米拉"沙漠新娘"。不过通常的说法是：帕尔米拉在历史上曾经是连接东西方之间的中枢城市，是古丝绸之路上的著名城市，且神庙挺拔、古城气派，又是沙漠绿洲，故而得此美名。

对于帕尔米拉鼎盛时期的女王扎努比亚传说也很多。时间大都指在公元2世纪左右。有一种说法她是埃及艳后的后代，希腊人。还有说是波斯人。不论是前者还是后者，看来此女的美貌是确定无疑的。

国王乌辛纳是一位忠心效忠于罗马帝国的叙利亚人，而他的太太扎努比亚却是一位波斯新娘。在他们的儿子只有几岁的时候，父亲亡故。有说法是自然死亡，有说法是扎努比亚谋害而亡。罗马指定儿子继承王位，但母亲不干，所以，激起了罗马人的愤怒，发誓要血洗帕尔米拉。新娘找回了娘家，希望波斯王国给予支持。但是，面对不可一世的罗马人，波斯人怎肯为一个嫁出去的女人得罪罗马人？新娘因而无功而返。在罗马军队大兵压境的形式下，新娘提出要出城与侵略者谈判，据说她出城后即神秘地消失在沙漠中。后来的结局是，罗马人不费吹灰之力进入帕尔米拉且血洗屠城。致使曾经极度辉煌的城市一蹶不振，后来在历史上被沙漠掩埋了几个世纪之久。要不是1957年修建石油输出管道，一个工人无意间的发现，帕尔米拉深邃的历史恐怕至今仍然无人知晓。扎努比亚消失在沙漠中也为后人产生了诸多猜想：一说是投降了罗马并嫁给了罗马的贵族，去西方享受余生。另一说是迷失于沙漠之中，干渴饥饿而死。还有一说是因不肯委屈下

嫁不讲信义的罗马人，最终备受屈辱死在罗马的监狱了。这么一说，帕尔米拉的兴旺发达好像与新娘并无直接关系。不管怎么说，对历史上的女王向来都是毁誉参半、众说纷纭的。总归肯定是无从查证了。

叙利亚沙漠中的考古发现

考古学家在叙利亚沙漠地区发掘出了一块骆驼的下颚骨化石。科学家们认为，这种骆驼属于一种不为人知的小型品种，大约生活在距今100万年以前的时代。据说叙利亚国家博物馆馆长萨克海尔介绍说，这块骨骼化石是由一支叙利亚——瑞士联合考古队在大马士革东北部约241千米的巴拉米尔地区发现的。这支考古队就在该地区发现了一种生活在距今约10万年前的巨型骆驼的骨骼化石。这种骆驼有约3米到4米那么高，大小则是现代骆驼的两倍。这只10万年前的巨型骆驼残骸的发现地，位于叙利亚共和国的中部。"我们之前并不知道，中东在10万年以前就出现了单峰骆驼。"巴塞尔大学琳达教授说。据说这只骆驼高达4米，而在此之前，人们从未发现过这种巨型骆驼。"你能想象得出来吗？这只巨型骆驼差不多有4米高，光肩膀到地就有3米高。在此发现之前，还没有人知道有此物种的存在。"

"我们在2003年发现第一块大骨头，当时我们只知道，拥有这个骨头的动物块头绝对不小，但我们一直不能确认它属于一只巨型骆驼。直到最近，我们又发现了这只动物的其他一些骨头后我们才确定，这个动物的确是只前所未见的巨型骆驼。而除此之外，我们还在那发现了一些燧石和石器。"

根据发现的残骸，考古学家们推断，这只巨型骆驼是在喝水时遭人类所杀。考古学家还透露，他们在这个沙漠草原的绿洲附近发现了一个10万年前的人类遗骸。现在这个遗骸已经运送到瑞士进行分析。琳达教授说，到目前为止，他们还不知道这个人到

底是属于智人（现代人的学名）还是属于穴居人。

"这个人的骨头属于智人，但奇怪的是，他（她）的牙齿却很陈旧，很像穴居人的牙齿。因此，为了有助于确定他（她）的身份，研究员们正在努力寻找这个人的更多骨头。"

琳达教授说，据考证，人们自150万年前，就开始在现今的叙利亚共和国居住；而在第一批人类移往亚洲和欧洲的时期，该地区起到了至关重要的作用。巴塞尔大学同时透露，最近的研究报告表明，人们自20世纪60年代开始，就开始对考姆进行调查；并且他们在该地区找到了100万年前人类在此居住的证据，因此，考姆现已被公认为是"近东史前史研究的参照物"。

延 伸 阅 读

骆驼有着"沙漠之舟"的美称。骆驼的驼峰里贮存着脂肪，这些脂肪在骆驼得不到食物的时候，能够分解成骆驼身体所需要的养分，供骆驼生存需要。骆驼能够连续四五天不进食，就是靠驼峰里的脂肪。另外，骆驼的胃里有许多瓶子形状的小泡泡，那是骆驼贮存水的地方，这些"瓶子"里的水使骆驼即使几天不喝水，也不会有生命危险。